2015

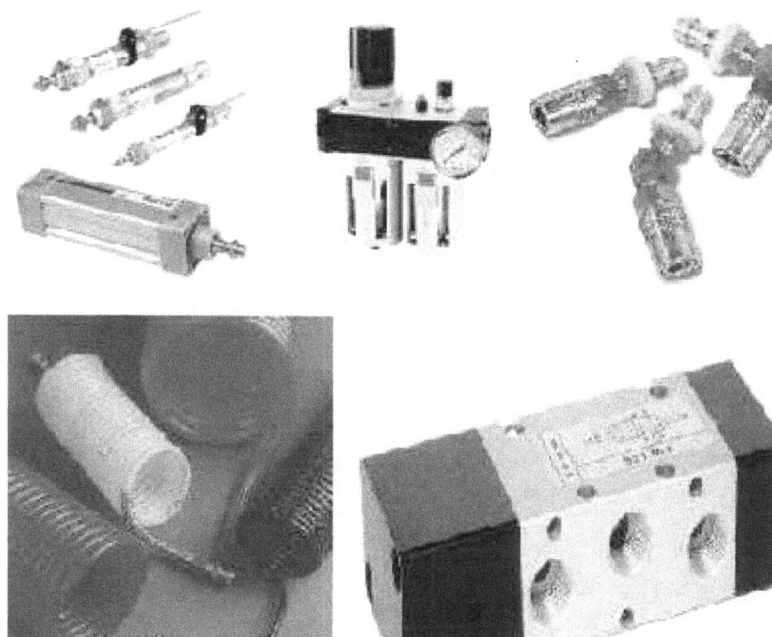

MANUAL PRACTICO DE NEUMÁTICA

JOSÉ BUSTAMANTE

INDICE

Capitulo 1

GENERALIDADES SOBRE EL AIRE

$$\frac{V_1}{T_1} \quad \frac{V_2}{T_2}$$

$$°C = 397,76 - 273 = 124,76$$

$$P_1 \times V_2 = P_2 \times V_2$$

NEUMATICA - Definición

-La neumática es la tecnología que emplea el aire comprimido como medio de transmisión de la energía para hacer funcionar algún mecanismo-

Para que un mecanismo neumático funcione es necesario comprimir el aire a una determinada presión, aproximadamente de unos 6 bares mediante un compresor neumático y posteriormente ser almacenado en un tanque.

PROPIEDADES FISICAS DEL AIRE COMPRIMIDO: Ventajas y desventajas

VENTAJAS:

- Es muy abundante
- Se transporta fácilmente por tuberías
- Se puede almacenar en depósitos
- No es inflamable
- No es tóxico
- Los elementos no requieren tanto mantenimiento
- Tiene una velocidad de trabajo elevada.

DESVENTAJAS:

- El aire tiene que ser preparado antes de utilizarse utilizando filtros para retirar impurezas y humedad.
- La velocidad es muy variable.
- La fuerza límite ronda los 20,000 y 30,000 Newton.
- Los escapes de aire tienden a ser muy ruidosos, siendo necesario el uso de silenciadores.

El uso de aire comprimido es bastante útil cuando se refiere a eficiencia, rapidez y limpieza, sin embargo, no se pueden desarrollar grandes fuerzas.
Es muy utilizado en la industria donde se utilizan mecanismos automatizados donde se requiere velocidad y precisión.

Otros usos son:

- Herramientas neumáticas (taladros, roto-martillos, desarmadores etc.)
- Pistolas de aire (pintura automotriz, limpieza)
- Herramientas médicas (taladro dental, succionador, etc.)

PROPIEDADES FÍSICAS DEL AIRE

El aire no tiene forma ni volumen, pudiendo variar de forma y de valor, tales como la expansión y compresión, siendo este el más utilizado en la neumática.

El aire que respiramos es una mezcla de diferentes gases que contiene principalmente:
-Nitrógeno – 78%
-Oxigeno - 21%
Otros gases y contaminantes en menor cantidad: argón, hidrógeno, xenón, criptón, bióxido de carbono, vapor de agua, polvo, polen etc.

Su densidad a una temperatura de:
0°C es de 1.29 kg/cm³
50°C es de 1.09 kg/cm³

Esto significa que el aire es mas pesado cuando está frío que cuando está caliente, es por eso que se elevan los globos aerostáticos cuando se les suministra aire caliente.
También, la temperatura afecta el volumen del aire, es decir, se contrae cuando está frio y se expande cuando está caliente.

En este ejemplo, el aire frio ocupa menos espacio, pero al calentarlo se expande hasta lograr ejercer una fuerza de empuje.

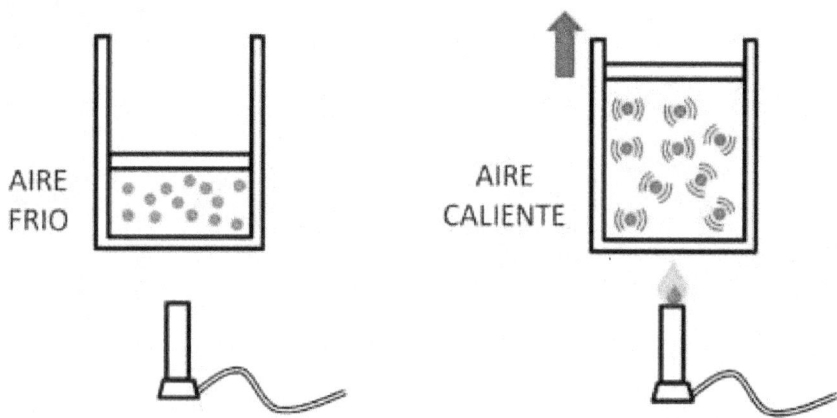

PRESION ABSOLUTA, RELATIVA Y ATMOSFERICA

Definición:

PRESIÓN

Se le llama presión a la reacción inmediata que ejerce un cuerpo sobre otro en relación de peso o fuerza.

Por ejemplo, si un objeto se coloca encima de otro, este ejerce una fuerza de presión según el peso del objeto. Si ese objeto lo colocamos encima de un émbolo, este comprimirá el aire que contenga el cilindro y dentro existirá una mayor presión.

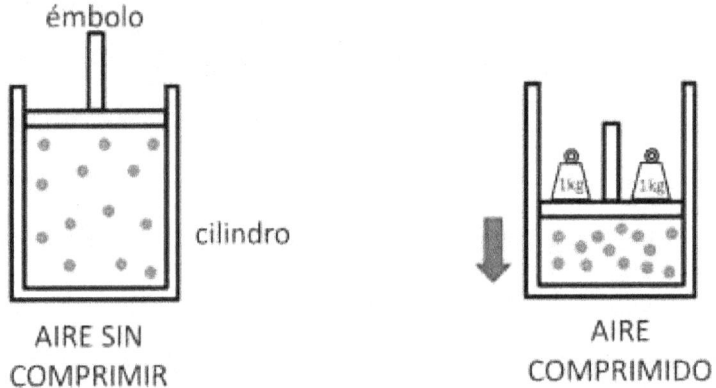

AIRE SIN COMPRIMIR

AIRE COMPRIMIDO

Esta presión se puede calcular con la siguiente fórmula:

$$P = \frac{F \ (kg)}{S \ (cm^2)}$$ **Presión es igual a la fuerza entre superficie**

Donde: P = Presión   F = fuerza   S = superficie

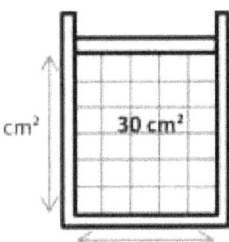

La superficie, es el área del cilindro la cual se va a comprimir, se mide en centímetros cuadrados y se representará con la letra "S".

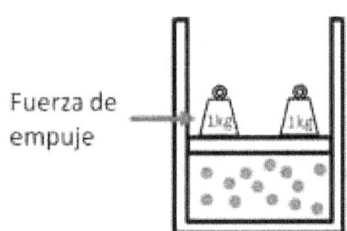

La fuerza, es la energía que empujará al pistón, se mide en Kilogramos y se representa con la letra "F".

Definición:
PRESIÓN ATMOSFÉRICA

Es la fuerza que ejerce el aire ambiental sobre la superficie terrestre.

Significa que el aire que nos rodea ejerce presión sobre nosotros porque a pesar de que el aire no se ve, tiene cierto peso y eso hace exista presión en el ambiente. Sin embargo la presión atmosférica puede variar según la altura o el clima.

1 atmosfera ejerce sobre nosotros 1.033 kg/cm² de presión
Atmosfera se abrevia "atm"

PRESIÓN RELATIVA

Es la presión que está por encima de la presión atmosférica. También se le llama presión de "gauge", presión normal o presión manométrica.

Por ejemplo, si un objeto se coloca encima de otro, este ejerce una fuerza de presión según el peso del objeto. Si ese objeto lo colocamos encima de un émbolo, este comprimirá el aire que contenga el cilindro y dentro existirá una mayor presión.

PRESIÓN ABSOLUTA

La presión absoluta es el resultado de sumar la presión atmosférica y la presión relativa.

Para obtener la presión absoluta se tienen que sumar ambas presiones, puede usar la formula:

$$P_{ab} = P_a + P_m$$

Donde:

P_{ab} = presión absoluta P_a = presión atmosférica P_m = presión manométrica

Por ejemplo:
Si medimos la presión de un deposito con un manómetro y este nos indica 2 Bar de presión, siendo que la presión atmosférica es de 1, entonces primero tenemos que convertir los 2 Bar de presión a presión atmosférica (1 Bar = 0.986 atm, entonces; 2 Bar = 1.972 atm)

P_a =1 atm

P_m =1.972 atm   1 + 1.972 = 2.972

P_a= 2.972 atm

UNIDADES DE PRESIÓN

En neumática se utilizan diferentes unidades de medida de presión, dependiendo del instrumento con que se tome la medición.

Por ejemplo, en neumática se utilizan mucho los Kilo-pascales (Kpa), Libras por pulgada cuadrada (PSI), atmosferas (atm), Kilogramos por centímetro cuadrado (Kg/cm²), milímetros de mercurio (mmHg), y los Bar.
Cada unidad de medida tiene un valor distinto, así que en ocasiones tendremos que hacer conversiones para poder realizar bien los cálculos.

Aquí abajo se muestra una tabla de equivalencias:

	1 Bar	1 ATMOSFERA	1 KG/CM²	1 PSI	1 mmHg	1 Kpa
1 Bar	1	0.986	1.019	14.503	750.06	100
1 atmosfera	1.013	1	1.033	**14.69**	760.00	101.325
1 Kg/cm²	0.980	0.967	1	14.223	735.6	98,0665
1 PSI	0.06895	0.06804	0.07031	1	51.715	6.89476
1 mmHg	0.001333	0.001315	0.00136	0.01934	1	0.13332
1 Kpa	0.01	0.00986	0.0102	0.14504	7.50063	1

Por ejemplo, si queremos convertir 3 atmosferas de presión a PSI tendremos que multiplicar la cantidad de atmosferas por **14.69** y dará como resultado; 44.07 PSI

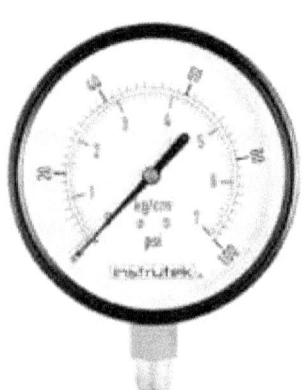

En la imagen se aprecia un manómetro el cual puede medir en dos distintas unidades de medida, en Kg/cm² y en PSI

COMPRESIBILIDAD DEL AIRE

Considerando un recipiente con un volumen determinado con aire a 1 atmosfera de presión.
Si se aplica una fuerza a la pared móvil hasta reducir el espacio, se crea otra fuerza contraria e igual de fuerte. Si cesa la fuerza de empuje, la pared regresará a su posición original. Este fenómeno se genera debido a la compresión del aire.

Ejemplo:

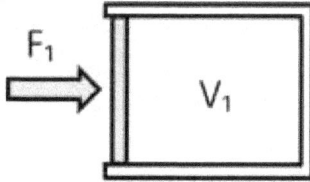

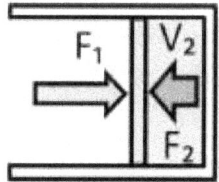

F_1 = fuerza inicial

V_1 = volumen inicial

F_2 = fuerza contraria

V_2 = volumen final

Existen distintos fenómenos que afectan directamente el volumen y la presión del aire, tales como el cambio de temperatura, la compresión y la expansión del aire entre otros. Para determinar dichos fenómenos existen tres leyes principales que utilizaremos para realizar algunos cálculos bastante útiles.

LEY DE BOYLE MARIOTTE

"A temperatura constante el volumen de un gas es inversamente proporcional a la presión absoluta"

Esto significa que si se aplica presión a un recipiente sellado, este reducirá su volumen siempre y cuando la temperatura se estable.

En el siguiente ejemplo usaremos un recipiente al que se le colocan dos pesas de 1 kg, y una temperatura ambiente estable de 10°C. Las pesas comprimirán el aire y se mantendrá estable ya que la temperatura ambiente no está variando.

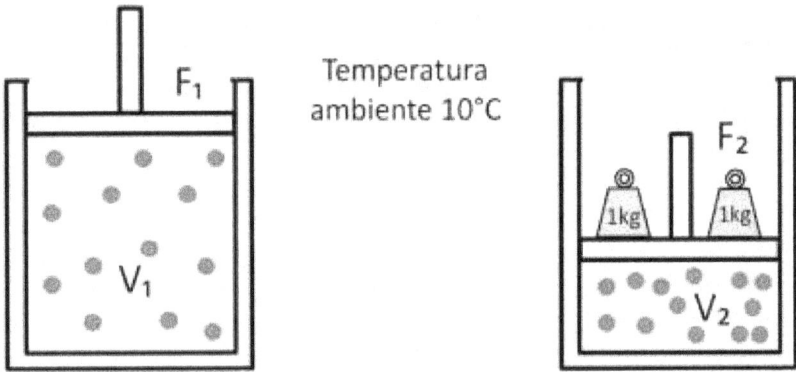

Para calcular la presión que se obtiene al comprimir el aire se utilizará la siguiente fórmula:

$$P_1 \cdot V_1 = P_2 \cdot V_2$$

"Presión inicial x volumen inicial es igual a presión final x volumen final"

Utilizaremos el siguiente ejercicio para ver la forma de resolverlo utilizando la formula de
 Boyle-Mariotte.

-A presión de 17 atm, tenemos 34L de un gas a <u>temperatura constante,</u> este gas experimenta un cambio y ahora ocupa un volumen de 15L. ¿Cuál será la presión que ejerce?

Datos:

$P_1 = 17$ atm

$V_1 = 34L$

$P_2 = ?$

$V_2 = 15L$

formula: $P_1 \times V_2 = P_2 \times V_2$

$P_1 \times V_2 = P_2 \times V_2$

$\downarrow \quad \downarrow \quad \quad \downarrow \quad \quad \downarrow$

$17 \times 34 = ? \times 15$

-Despejamos "P_2"

$P_2 \times 15 = 17 \times 34$

$P_2 = \dfrac{17 \times 34}{15} = \dfrac{578}{15} = 38.53$

$P_2 = 38.53$ atm

LEY DE CHARLES

"A presión constante, el volumen de un gas varía proporcionalmente a la temperatura absoluta"

Quiere decir que al calentar un gas dentro de un recipiente , este aumentará su volumen, y que al enfriarse su volumen disminuirá, siempre y cuando la presión no tenga variaciones.

Ejemplo:

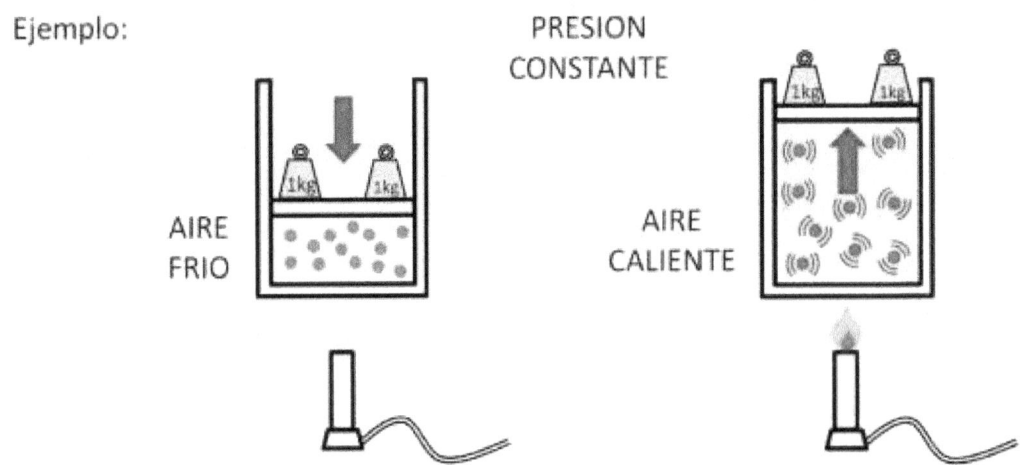

PRESION
CONSTANTE

AIRE
FRIO

AIRE
CALIENTE

A este proceso se le llama transformación **isóbara**.
La presión aumentará pues el gas se expande y genera un trabajo. En este caso empuja el pistón hacia arriba.

Puedes utilizar cualquiera de las dos fórmulas para encontrar el valor de la presión constante:

$$\frac{V_1}{T_1} = \frac{V_2}{T_2} = \text{Presión constante} \qquad \frac{V}{T} = \text{P Constante}$$

Donde:

V = Volumen
T = Temperatura en grados Kelvin
P = Presión constante

Ejemplo:

A presión constante, un gas ocupa 1500 ml a 35°C ¿Qué temperatura es necesaria para que este gas se expanda hasta 2.6 litros?

Formula: $\dfrac{V_1}{T_1} = \dfrac{V_2}{T_2}$

En este caso tenemos que encontrar la temperatura final

Datos:

$V_1 = 1500$ ml $V_2 = 2.6$ litros
$T_1 = 35°C$ $T_2 = ?$

1. Los 35°C tenemos que convertirlos a grados Kelvin, formula: °C + 273 = °K

35+ 273 = 308°K

2. Los 1500ml tenemos que convertirlos a litros, formula: $\dfrac{ml}{1000}$ = litros

$\dfrac{1500}{1000} = 1.5L$

3. Se aplica la formula:

$\dfrac{1.5}{308} = \dfrac{2.6}{T_2}$ Se despeja "T_2" $T_2 = \dfrac{308 \times 2.6}{1.5} = \dfrac{800.8}{1.5} = 533$

$T_2 = 533$ °K

4. Se vuelve a convertir a grados centigrados, restando 273 a los grados kelvin del resultado:

533 - 273 = 260

Resultado : $T_2 = 260°C$

LEY DE GAY LUSSAC

"..a volumen constante, la presión absoluta de un gas es directamente proporcional a la temperatura.."

Significa que en un recipiente sellado herméticamente, el gas que contiene no aumentará su volumen, si no que aumentará la presión y la temperatura. A este fenómeno se le llama transformación <u>isócora.</u>

Ejemplo:

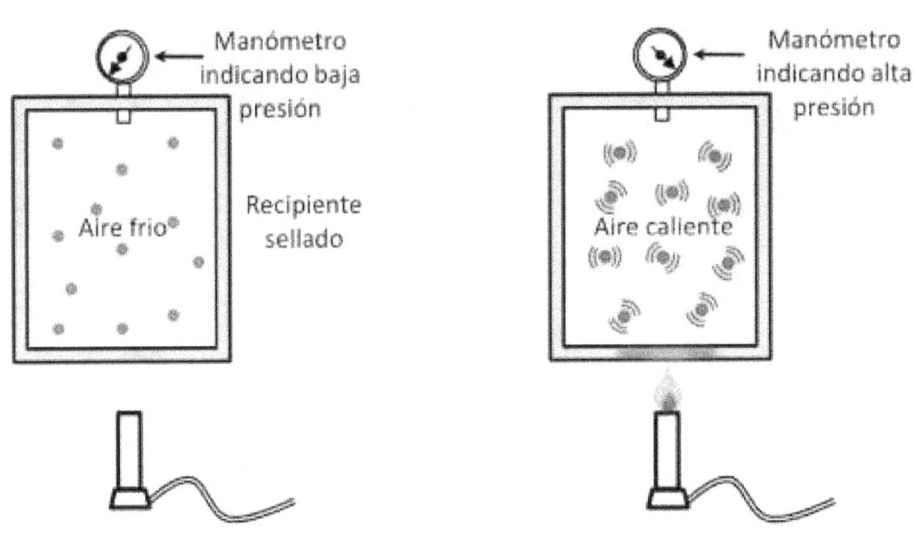

Para este fenómeno se utilizará la siguiente formula para determinar el VOLUMEN CONSTANTE:

$$\frac{P_1}{T_1} = \frac{P_2}{T_2} = V$$

Donde:
P = Presión (atm)
T = Temperatura (°K)
V = volumen constante (litros)

Un gas en un recipiente de 2 litros a 293 K y 560 mmHg. ¿A qué temperatura en °C llegará el gas si aumenta la presión interna hasta 760 mmHg?

1 Identifica los datos del problema:

V= 2 L

T1= 293 K

T2=?

P1= 560 mmHg

P2= 760 mmHg

Formula: $\dfrac{P1}{T1} = \dfrac{P2}{T2}$

En este caso buscaremos el valor de "T2"

2 Despejar T2, $\dfrac{P1}{T1} = \dfrac{P2}{T2}$

T2= $\dfrac{P2 \times T1}{P1}$

3 Sustituir datos y efectuar el calculo matemático.

T2= $\dfrac{760\ mmHg \ \times \ 293\ °K}{560 mmHg}$

4 Se cancelan las unidades (mmHg) y se obtiene el resultado:

T2= 397, 76 K

5 Se transforma la unidad (Kelvin) a °C.

°C= K - 273

°C= 397,76 – 273 = 124,76

Resultado = 124,76 °C

Capitulo 2

GENERACIÓN DEL AIRE COMPRIMIDO

FUNCIONAMIENTO BÁSICO DE UN COMPRESOR

Para poder obtener aire comprimido es necesario utilizar compresores que elevan la presión del aire al nivel de trabajo deseado tomándolo del ambiente y almacenándolo en un depósito para su posterior utilización.

El funcionamiento de un compresor es bastante sencillo;

Al suministrar corriente, el motor eléctrico se enciente y mueve una banda que hace girar un par de pistones que succionan el aire del ambiente y lo comprimen dentro de un depósito.

Un presostato controla el límite de presión de aire que puede almacenar el depósito. Cuando el deposito alcanza cierta presión, el presostato corta la corriente al motor apagándolo, cuando la presión disminuye el presostato arranca de nuevo el compresor.

El compresor tiene un termómetro y un manómetro que mide la temperatura y la presión del deposito, esto ayuda al operario a tener información del estado general del compresor.

VISTA INTERNA DEL CICLO DE SUCCIÓN Y COMPRESIÓN

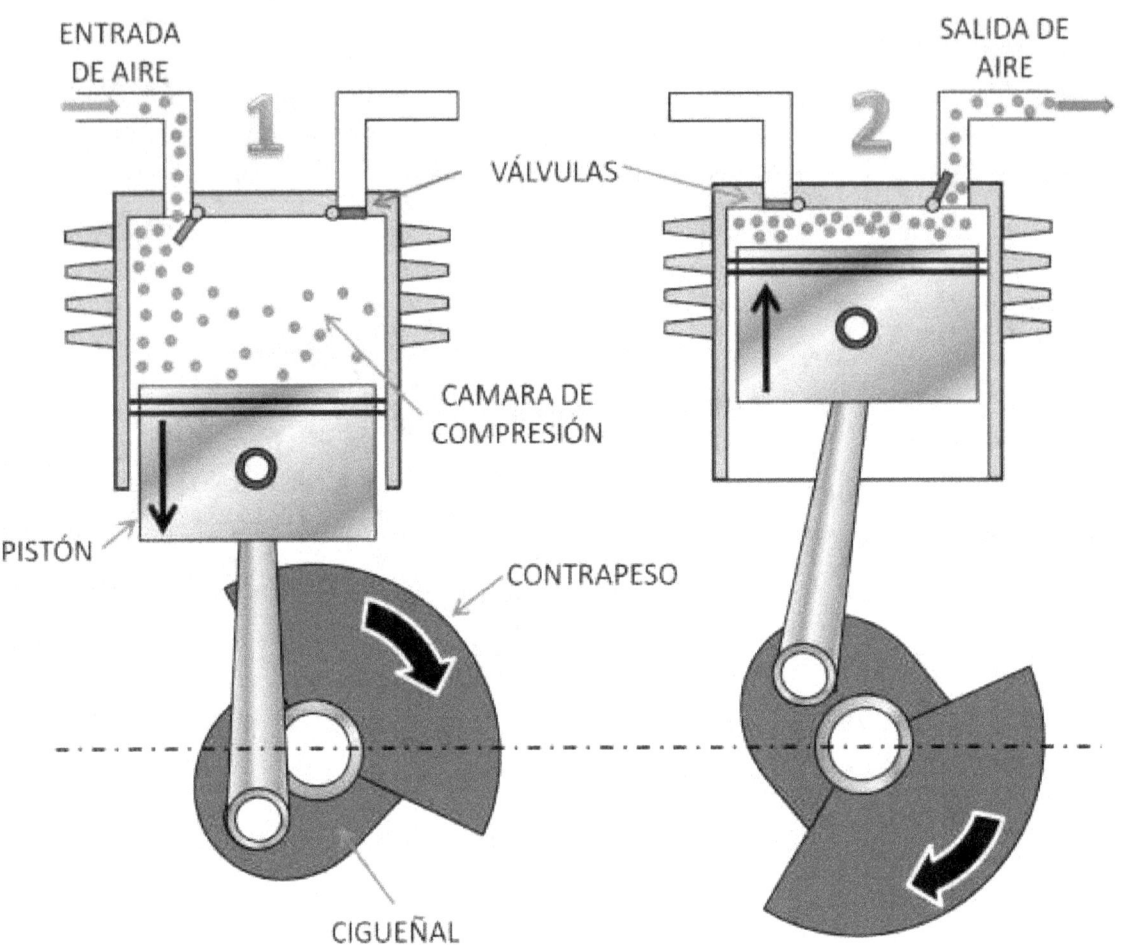

1. Cuando el pistón baja, se abre la válvula de admisión permitiendo que ingrese aire al interior del cilindro.

2. Cuando el pistón sube, se cierra la válvula de admisión y se abre la de descarga, permitiendo que el aire que contenía el cilindro sea desplazado hacia el deposito de aire comprimido.

DEPOSITO DE AIRE

El deposito de aire, llamado también acumulador, tanque o calderín tiene la función de:

1.- Amortiguar las pulsaciones del caudal de salida de los compresores alternativos.

2.-Permite que los compresores no trabajen de manera continua, deteniéndose cuando se alcance la presión de trabajo.

3.-Evita las caídas de presión durante las altas demandas de trabajo

El deposito está provisto de accesorios de medición y de seguridad como válvulas de alivio, termómetro y manómetro

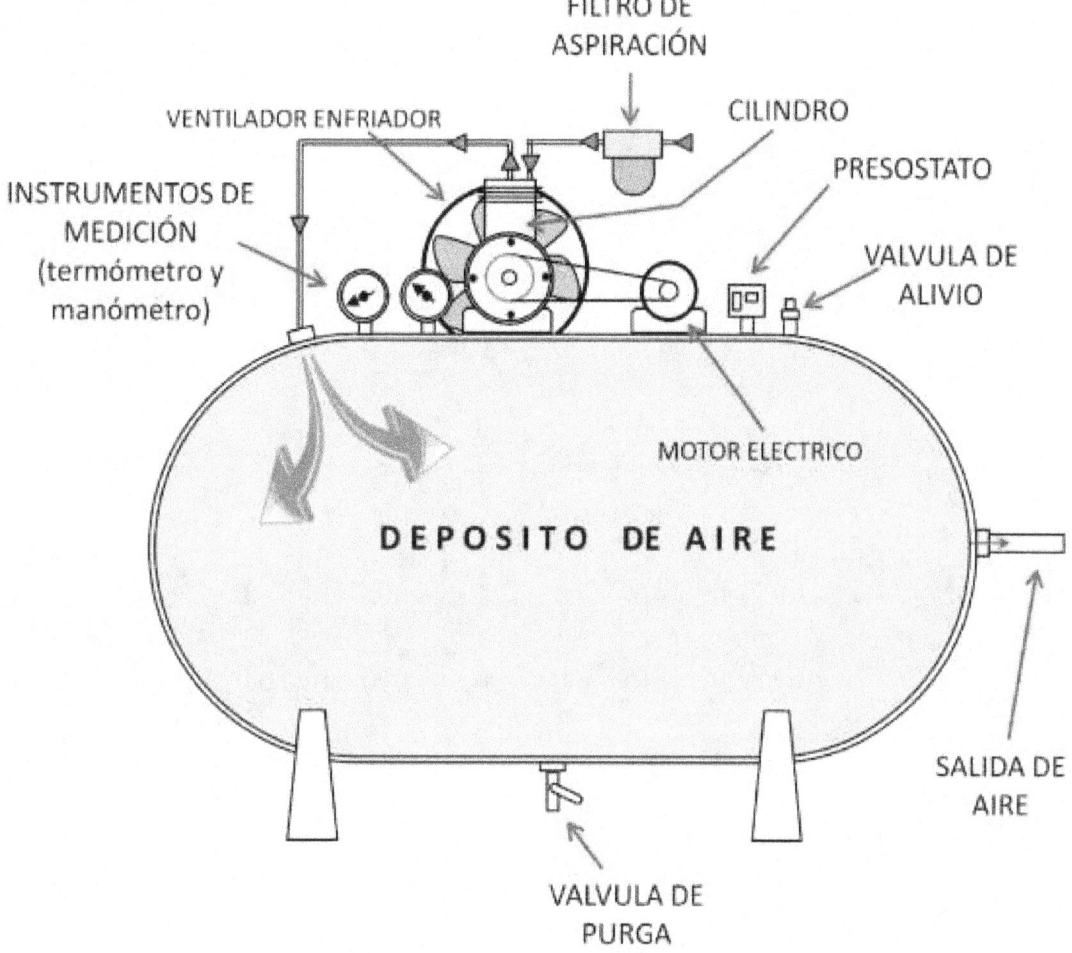

TIPOS DE COMPRESORES

Existen diferentes tipos de compresores, utilizados según la demanda de aire comprimido ya que algunos poseen mayor capacidad y cualidades que otros.

Son dos tipos principales de compresores; los que comprimen el aire por reducción de volumen y los que la comprimen por aceleración de una turbina.
A su vez, cada tipo de compresor le derivan otros como veremos en la gráfica inferior.

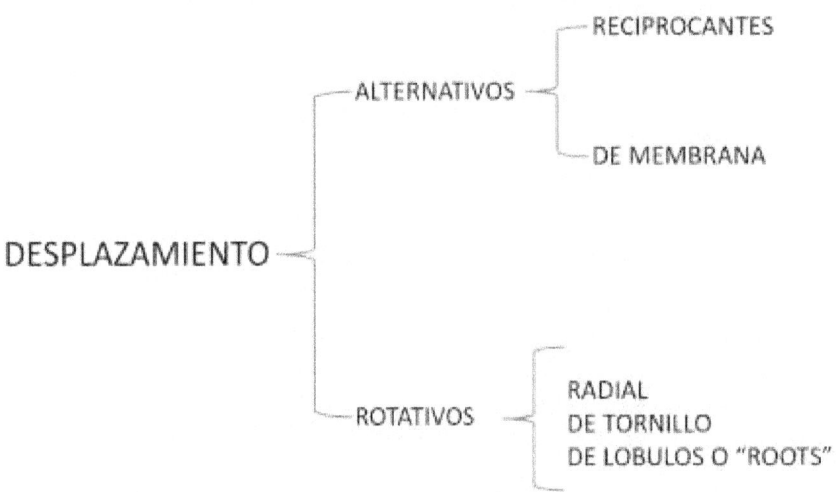

Los más utilizados en neumática son:

COMPRESOR RECIPROCANTE

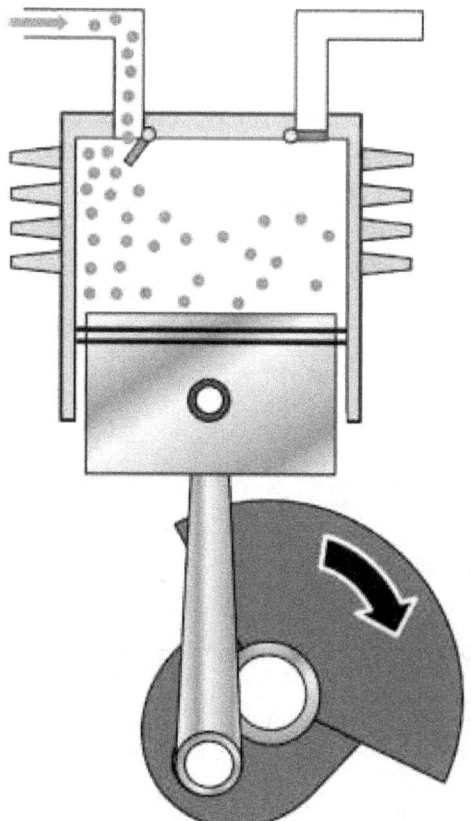

El compresor reciprocante comprime el aire mediante el desplazamiento de un pistón dentro de un cilindro.

Cuando el pistón desciende, se abre una válvula que permite el paso de aire dentro del cilindro. Cuando el pistón sube, se cierra la válvula de admisión y se abre la de expulsión, empujando el aire dentro del depósito.

Este tipo de compresores es muy utilizado en donde el requerimiento de aire no es muy grande, tales como llanteras o talleres mecánicos.

COMPRESOR DE DOS ETAPAS

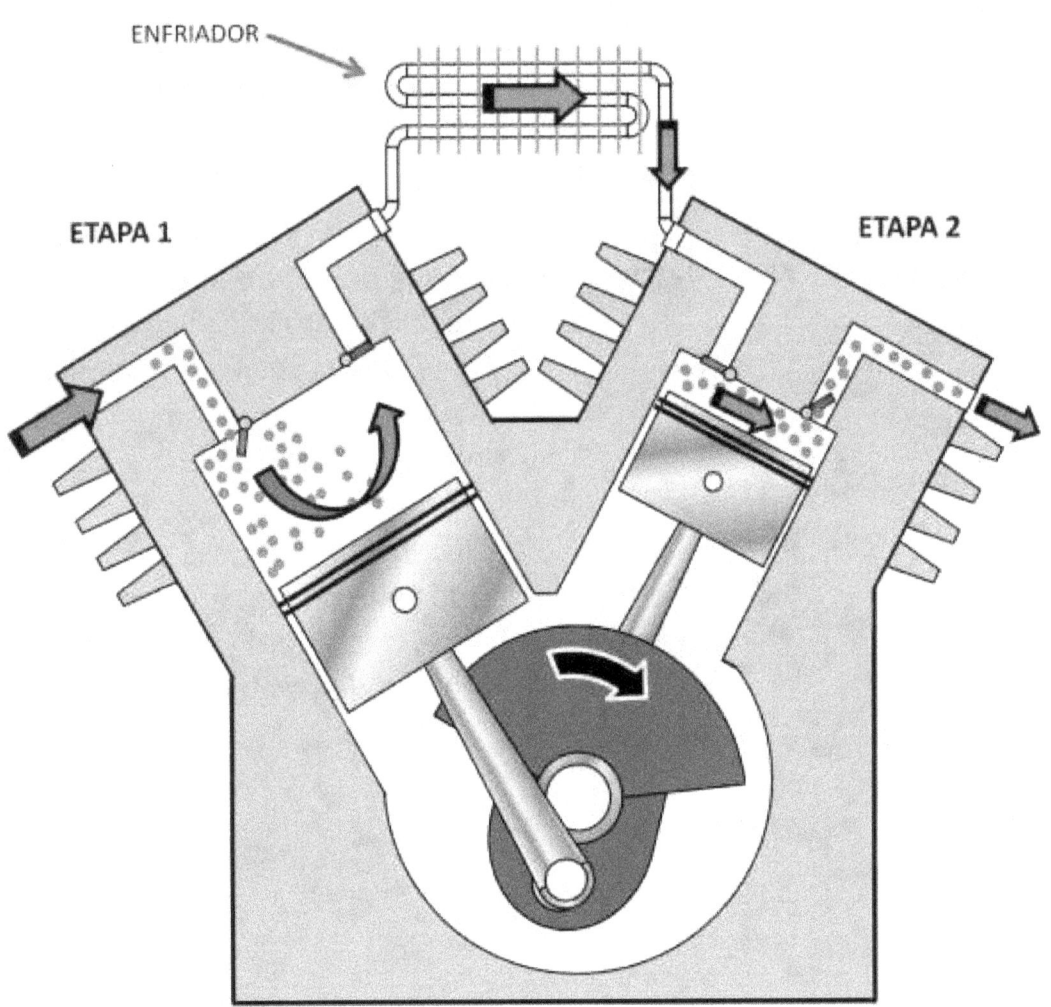

Con el compresor de dos etapas pueden alcanzarse presiones muy altas cercanas a 200 bares (2900 PSI).

Un pistón comprime el aire y lo empuja hacia otro cilindro donde se comprime aun más. Cuenta con un enfriador de aire entre las dos etapas para mejorar la compresión.

COMPRESOR DE MEMBRANA O DIAFRAGMA

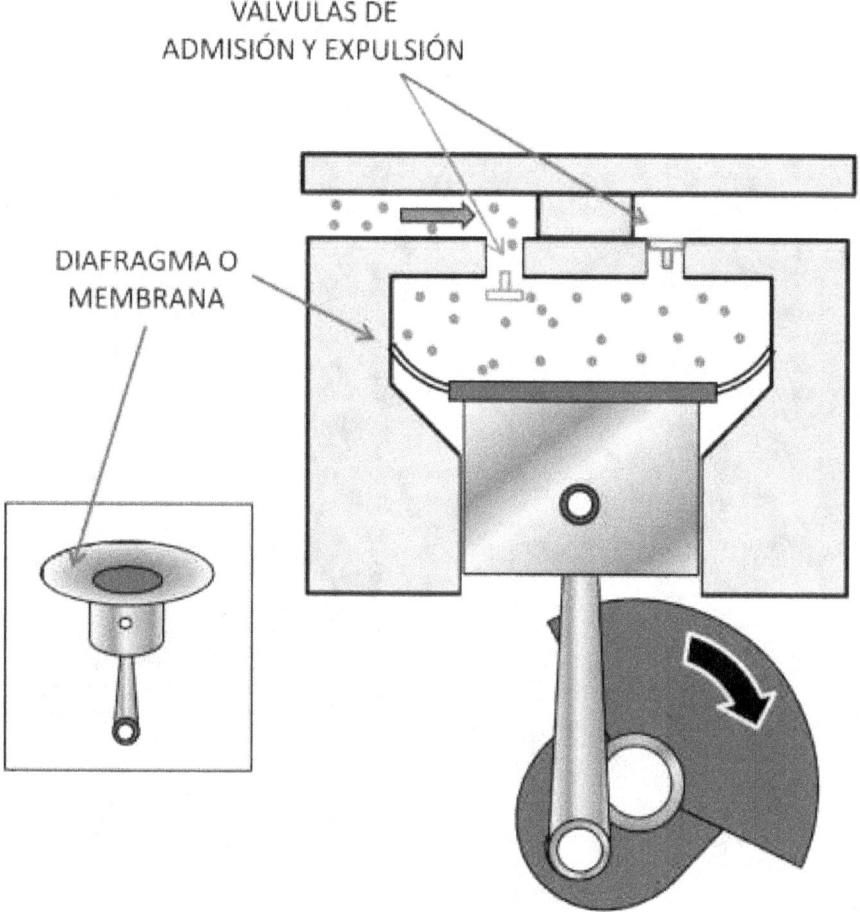

VALVULAS DE
ADMISIÓN Y EXPULSIÓN

DIAFRAGMA O
MEMBRANA

Los compresores de membrana funcionan de manera similar a los de pistón, solo que en este tipo, el pistón mueve una membrana flexible de manera ascendente y descendente provocando la succión y empuje del aire hacia el deposito de aire comprimido.

El compresor de diafragma suministra aire comprimido seco a menores presiones pero libre de aceite, por lo que se emplea en la industria farmacéutica, alimenticia o donde se requiera aire sumamente limpio.

COMPRESOR TIPO TORNILLO

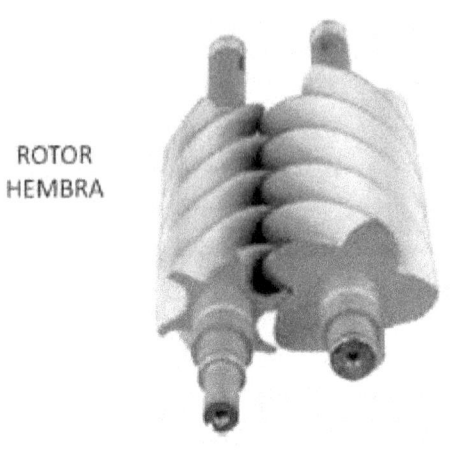

ROTOR
HEMBRA

ROTOR
MACHO

Este tipo de compresor es muy utilizado en la industria. Puede dar caudales muy elevado, (24000 m3/h) con una presión de 10 bares (145 PSI).
Si se colocan en serie puede alcanzar presiones de hasta 30 BAR (435 PSI)

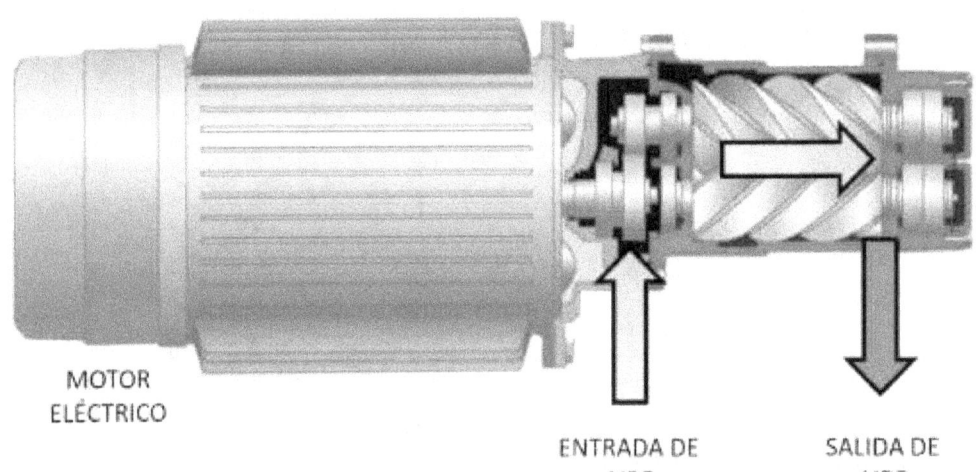

MOTOR
ELÉCTRICO

ENTRADA DE
AIRE

SALIDA DE
AIRE

Funcionan mediante dos rotores helicoidales que giran dentro de un cárter en sentido contrario e impulsan el aire de forma continua creando un caudal.

COMPRESOR DE PALETAS

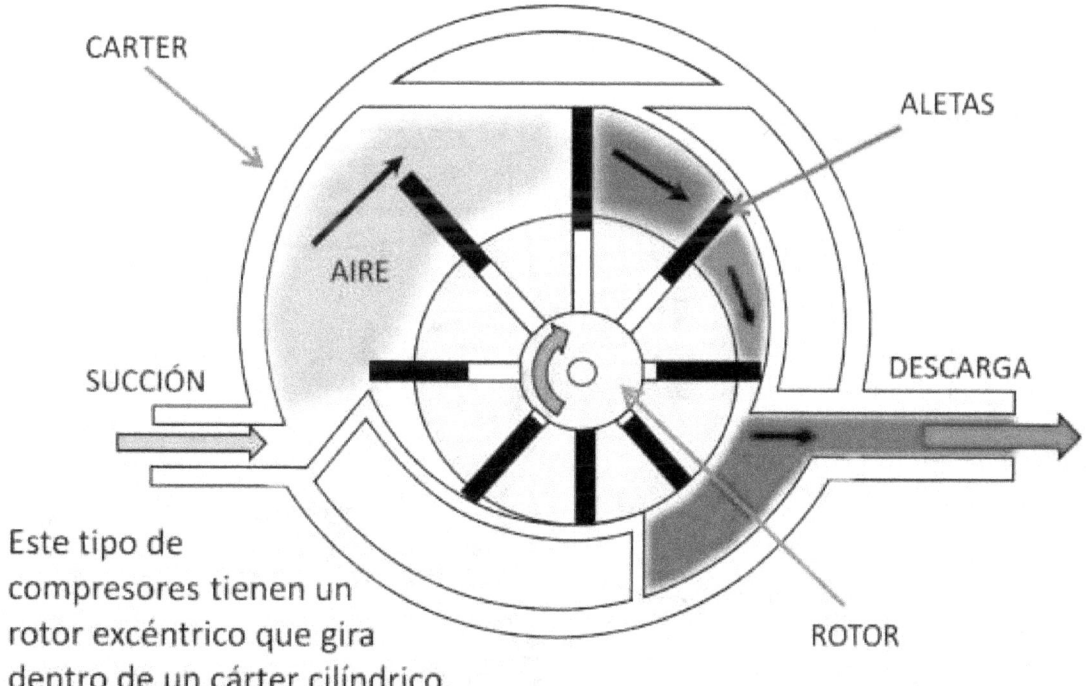

CARTER

ALETAS

AIRE

SUCCIÓN

DESCARGA

ROTOR

Este tipo de compresores tienen un rotor excéntrico que gira dentro de un cárter cilíndrico.

El rotor está provisto de aletas retráctiles que se adaptan a las paredes del cárter logrando comprimir el aire mientras gira. Logra una presión máxima de 7 BAR (101 PSI)

COMPRESOR DE ROOTS (LÓBULOS)

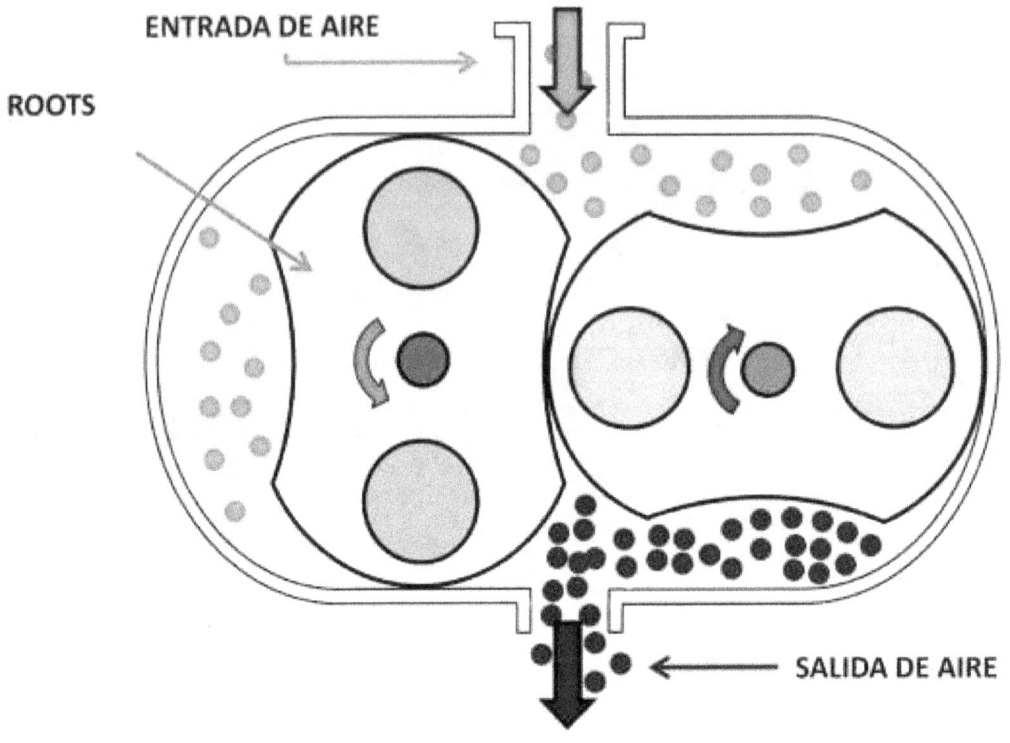

Este tipo de compresor solo impulsan el aire, no lo comprimen. Tiene un caudal máximo de 1500m³/h y solo logra una presión de 1 o 2 BAR.

Está compuesto por dos rotores conectados por dos ruedas dentadas que giran a la misma velocidad en sentido contrario, de esta forma, un rotor permite el paso de aire mientras que el otro lo expulsa fuera del cárter.

Capitulo 3

DISTRIBUCIÓN DEL AIRE COMPRIMIDO

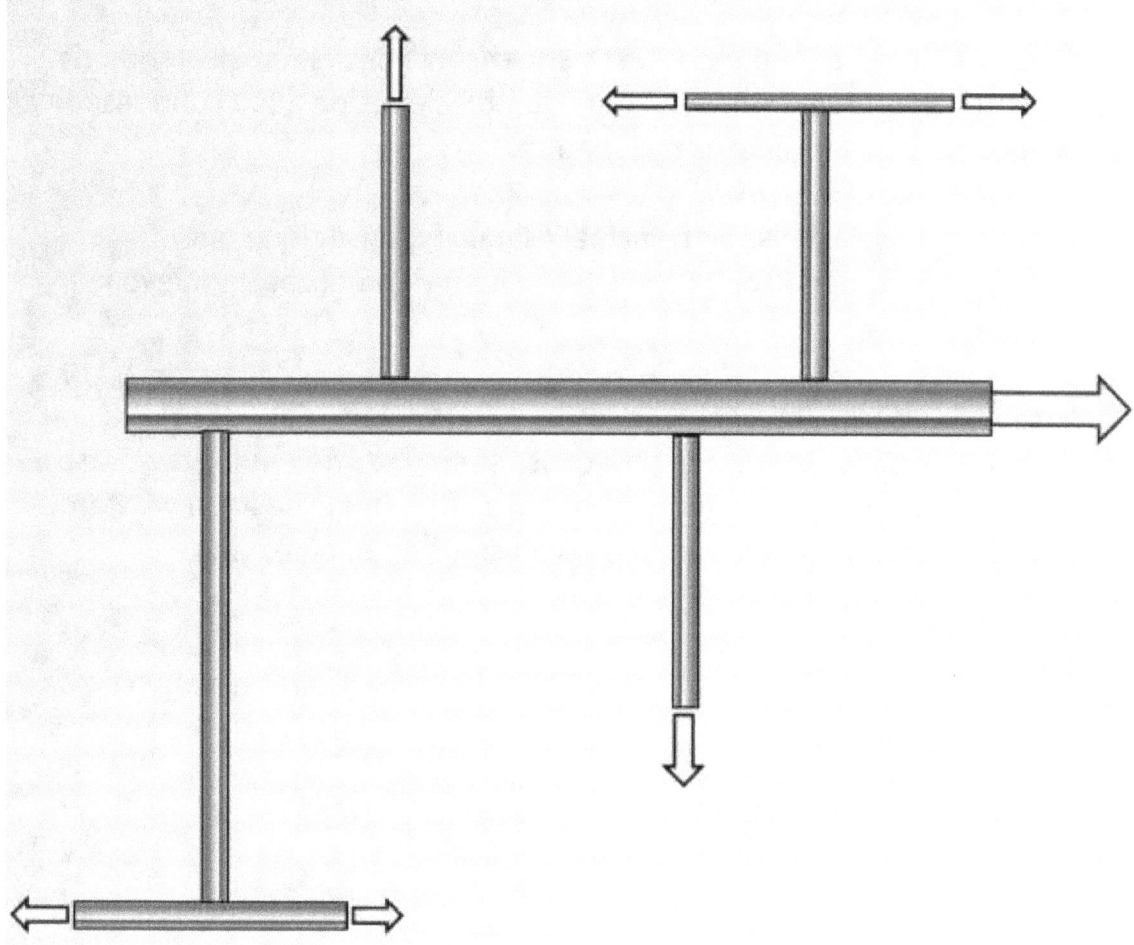

DISTRIBUCIÓN DEL AIRE COMPRIMIDO

El aire comprimido se distribuye a la maquinaria a través de tuberías hechas de materiales dependiendo de su aplicación.

-Las tuberías de gas estándar suele ser de acero al carbono (SPG)

-Para grandes diámetros en líneas largas se utilizan de acero inoxidable.

-Se utilizan de cobre cuando se requiere resistencia a la corrosión o al calor.

Cuando se colocan deben tener una pequeña inclinación en el sentido de la corriente, del 1% al 2% para evitar acumulaciones de agua condensada y posibles daños a los mecanismos neumáticos

Cuando la distancia de la red principal es muy extensa tiene que conectarse otra tubería con el nivel inicial (0%) y comenzar de nuevo la inclinación.

En la tubería principal se conectan otras tuberías llamadas "derivadas" que alimentan a los sistemas neumáticos, suelen ser de menor diámetro y se le conectan algunos accesorios como filtros, trampas de agua y sistemas de lubricación para mantener a los mecanismos en buen estado.

SISTEMA BÁSICO DE CONEXIÓN DE TUBERÍA

En este diagrama se muestra la conexión básica de un sistema neumático. Como se puede apreciar, el aire proviene del compresor y se almacena en el depósito de aire comprimido, seguido de eso el aire pasa a través de un filtro que retiene impurezas. Después del filtro, el tubo continua con cierta inclinación hasta cierta distancia y otro tubo empieza de nuevo con la inclinación, eso para que el tubo no llegue muy abajo.

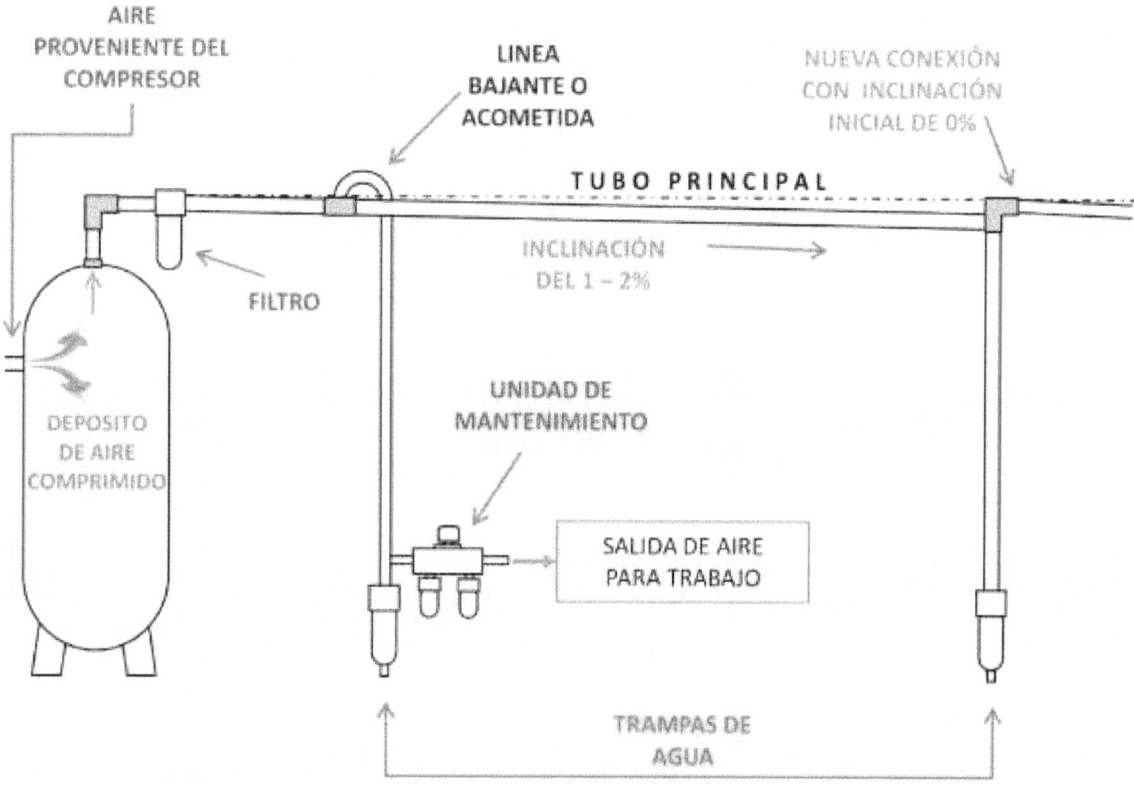

Esa inclinación ayuda a desplazar la humedad condensada hacia las trampas de agua para ser eliminada. En la línea **bajante o acometida** es la tubería donde se conectarán las máquinas o las herramientas neumáticas, esta deberá conectarse a la parte superior del **tubo principal** para que no pasen restos de humedad hacia el sistema.

La unidad de mantenimiento es un kit que consta de filtro, lubricador y regulador de presión. Se usan frecuentemente por ser compactos y eficientes para mantener el aire limpio que va a las máquinas.

TIPOS DE CONEXIONES

Existen diferentes maneras de realizar las conexiones de las tuberías dependiendo de las necesidades de la empresa, sin embargo aquí se muestran tres formas básicas de una red.

1- RED ABIERTA

Se constituye por una sola línea principal de la cual se desprenden las secundarias y las de servicio.

La ventaja es que se requiere de poca inversión para la instalación.

La desventaja es que tal vez se tenga que parar el suministro de aire completamente para dar mantenimiento a la red.

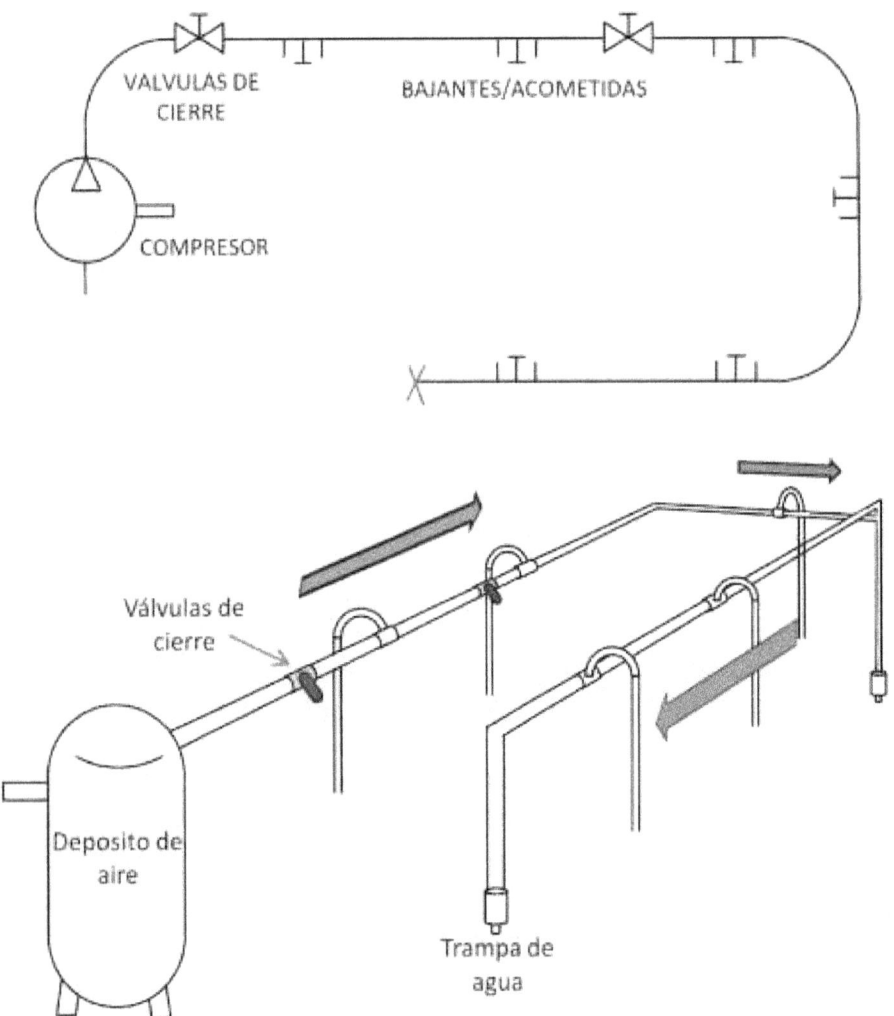

2- RED CERRADA

En este tipo de instalación, el extremo final de la tubería se une con el punto de inicio de la instalación formando un "anillo" que cierra el circuito.

Esta configuración permite un reparto de caudales de manera óptima y se evita el corte de suministro en el caso de una avería. Esta instalación es mas cara pero se evitan algunos problemas.

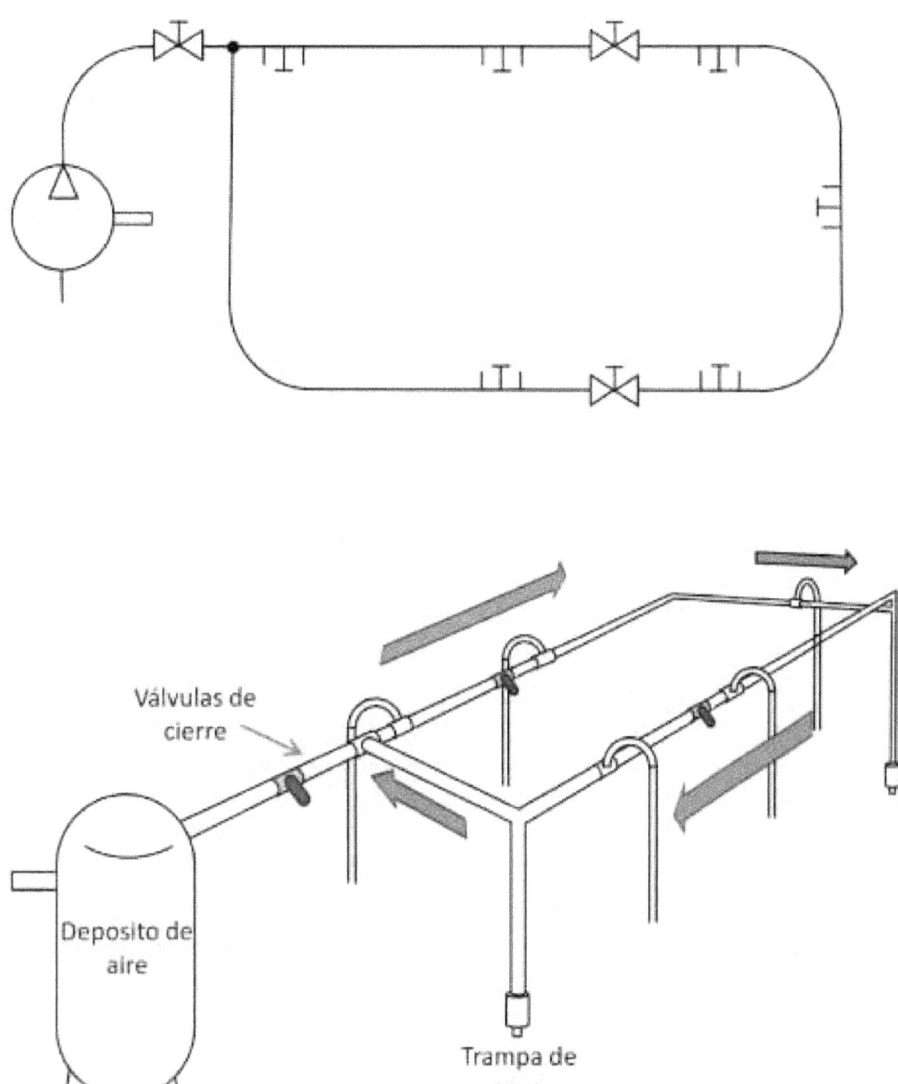

3.- RED MIXTA

Es la mas frecuentemente usada. Esta conformada por una combinación de circuitos abiertos y cerrados en función de las necesidades de cada tramo.
Se aprovechan cada una de las ventajas de las conexiones anteriores.

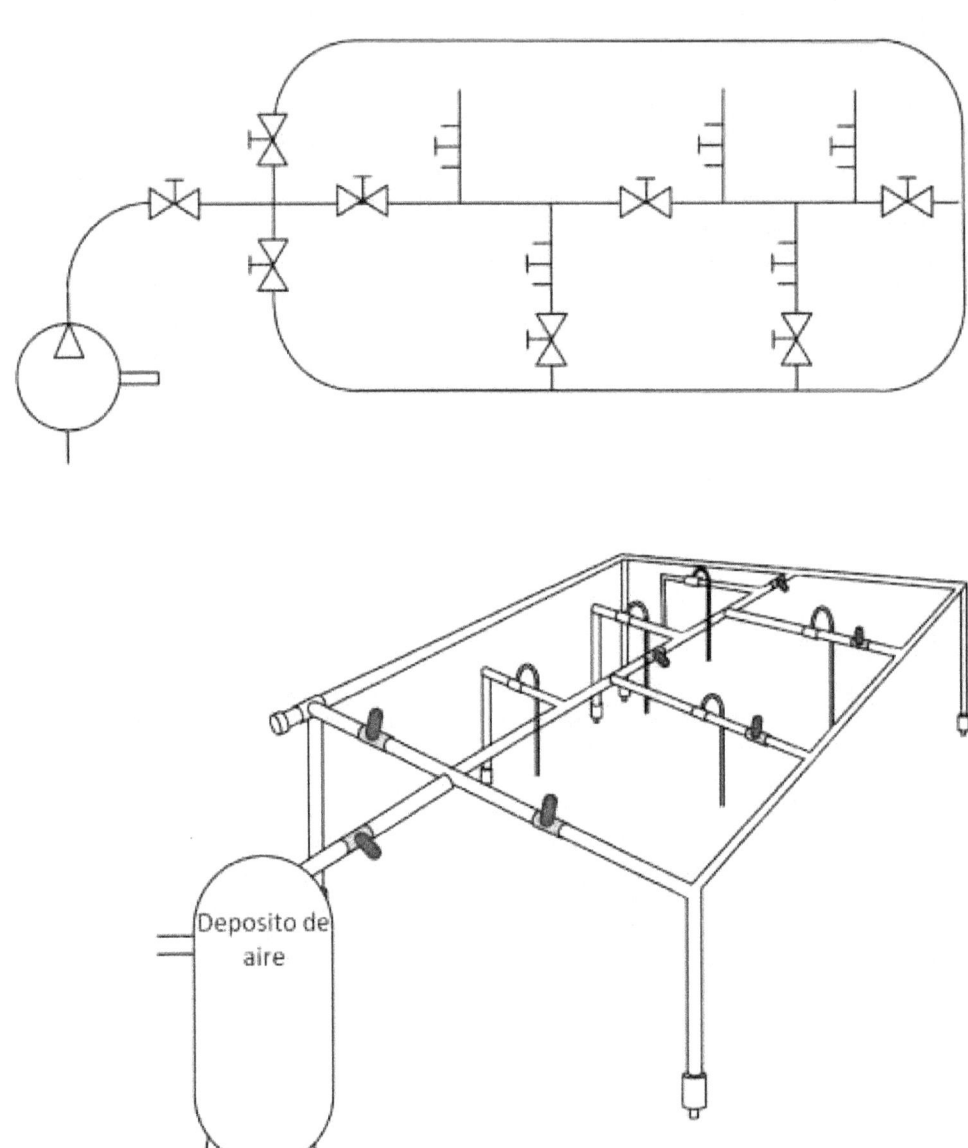

MANGUERAS DE DISTRIBUCIÓN

Las mangueras de distribución, son aquellas que se utilizan para conducir el aire presurizado proveniente de la unidad de mantenimiento hasta los cilindros actuadores o cualquier mecanismo neumático.

En neumática se suelen utilizar gran variedad de mangueras según las necesidades de trabajo. Se utilizan frecuentemente los tubos plásticos, mangueras reforzadas con malla de nylon, mangueras de goma y tela y cañería de cobre.

El más utilizado es el tubo de poliuretano ya que admite radios de curvatura y es resistente a la luz solar, la humedad y los desgarres, además de soportar las vibraciones.

Se fabrican en distintos colores para poder realizar instalaciones donde se requiera diferenciar las conexiones. El color mas usado es el azul, aunque también se utiliza con mucha frecuencia la tubería transparente o colores semitransparentes para poder inspeccionar el fluido.

Las mangueras tienen diferentes medidas y calibres las cuales se miden en diámetro interior y diámetro exterior ya que las presiones de trabajo no son las mismas en cada sistema se instalan según se requiera.
Ejemplo:

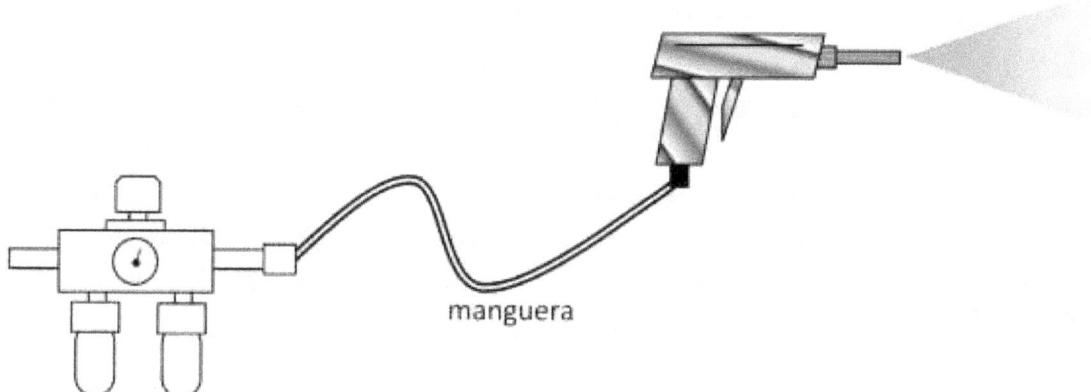

manguera

TUBO DE POLIURETANO

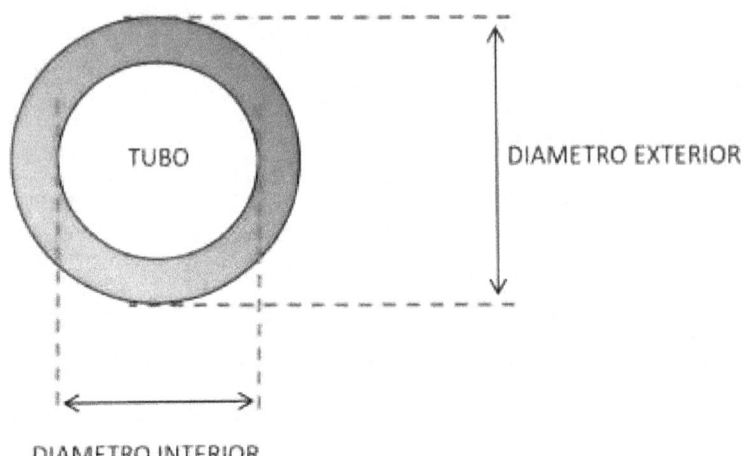

Las medidas pueden Variar de fabricante en fabricante, pero las medidas mas usuales son:

Diámetro exterior	Diámetro interior
Ø 4mm	Ø 2.5mm
6	4
8	5,5
10	7
12	8
14	9,5
16	12

Ambas medidas van ligadas y el diámetro externo siempre será mayor que el interno.
Las medidas de la manguera de corresponder al de los racores (conectores)

TUBO DE POLIAMIDA (PAN)

Este tipo de tubería se utiliza en aplicaciones de alta exigencia, soporta más presión y temperatura que el poliuretano, además no se degrada.

Soporta temperaturas de trabajo de 80°C hasta 100°C, comienza a ablandarse a los 170°C y se derrite a los 215°C, puede soportar periodos cortos de trabajo a 160°C.

Las medidas de los diámetros exteriores son similares a las del poliuretano aunque también se fabrican en pulgadas:

Los espesores de la pared varían según la presión de trabajo que van desde 0.35mm hasta 3.40mm

Se dividen en distintas series según su capacidad de soportar presión:

1/8
5/32
3/16
1/4
5/16
3/8
7/16
1/2
5/8
3/4

Serie		Resistencia máxima en kg/cm²
Extra liviana	EL	70
Liviana	L	84
Semi-pesada	SP	126
Pesada	P	140

Existen diferentes tubos de poliamida, la del 6 hasta la del 12, la diferencia entre ambos es su resistencia y flexibilidad.

Tubo	Temp.°C	Resistencia
Poliamida 6	-10 a 120	250 bar
Poliamida 12 (mayor flexibilidad)	-30 a 100	220 bar

TUBO DE FLUOROPOLÍMERO

Existen tubos rígidos y flexibles.

Ofrece resistencia a los químicos y a las altas temperaturas (150°C hasta 250°C). No se degrada y resiste los rayos UV

TUBO DE POLIURETANO ANTIESTÁTICO

Hecho de un material que evita la acumulación de carga electrostática. Utilizado en la industria electrónica.

TUBO DE POLIAMIDA 12 BICAPA ANTICHISPA

Tiene un recubrimiento de PVC, resiste las chispas y las agresiones exteriores

TUBOS EN ESPIRAL DE POLIAMIDA Y POLIURETANO EXTENSIBLES

Se utilizan para alimentar herramientas neumáticas o en instalaciones donde se requiera gran flexibilidad, líneas de montaje, alimentación de partes de maquinaria en movimiento, semirremolques, pistolas neumáticas etc.

MANGUERA DE GOMA CON MALLA SINTETICA

Se utilizan en condiciones ambientales extremas de agresividad mecánica.

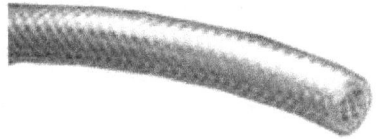

Estos son solo algunos tipos de manguera, sin embargo existen muchos más con diferentes características que se utilizan de acuerdo a las necesidades del sistema neumático.

RACORES

Los racores son los componentes que se utilizan para conectar los tubos, ya sea unos con otros o a otros componentes.

Existen diferentes tipos y tamaños de racores, generalmente se utilizan los de conexión rápida para un ahorro de tiempo ya que no se requiere de herramienta para su manipulación. Ejemplo:

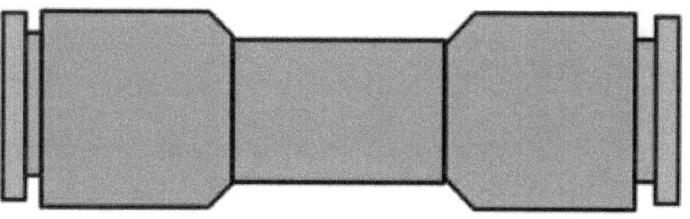

VISTA INTERNA DEL RACOR

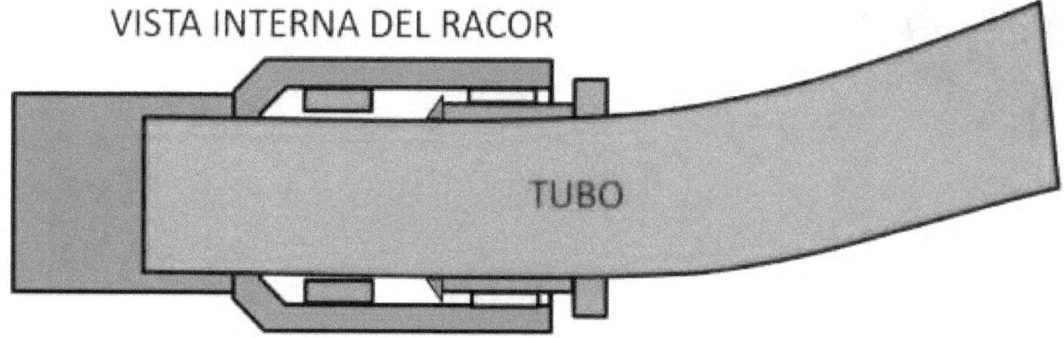

TUBO

ALGUNOS RACORES COMUNMENTE UTILIZADOS EN NEUMATICA

AUTOMÁTICOS TERMOPLÁSTICOS

RECTO ROSCA MACHO
Se utiliza para enroscar en cualquier rosca hembra

RECTO INTERMEDIO
TUBO - TUBO
Se utiliza para unir dos tubos de las mismas dimensiones

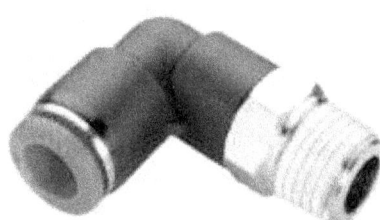

CODO GIRATORIO ROSCA MACHO – TUBO
Con salida a 90° para roscar en cualquier rosca hembra

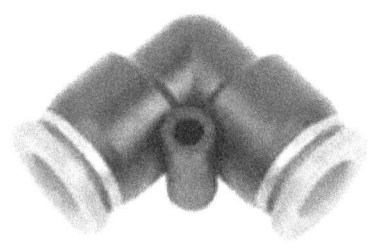

CODO INTERMEDIO TUBO – TUBO
Utilizado para conectar tubos a 90°

CONECTOR "T"CENTRAL GIRATORIA ROSCA MACHO – TUBO
Se utiliza para realizar dos derivaciones a 90°

CONECTOR "T" INTERMEDIA TUBO – TUBO
Se utiliza para hacer derivaciones de tubo del mismo
diámetro

RECTO ROSCA HEMBRA – TUBO
Se utiliza para roscar cualquier elemento macho

Las medidas de los racores son en milímetros y representan el diámetro externo del tubo.

Ø exterior mm
4
6
8
10
12

Cuando los racores tienen un conector macho su rosca se mide en pulgadas

Rosca macho en pulgadas
1/8
1/4
3/8
1/2

Capitulo 4

TRATAMIENTO DEL AIRE COMPRIMIDO

Antes que nada conoceremos las partes principales de un compresor empezando por el deposito de aire.

COMPRESOR

1.- DEPOSITO DE AIRE - Almacena el aire comprimido
2.- PRESOSTATO - Detiene el compresor al alcanzar la presión establecida
3.- MOTOR ELÉCTRICO - Mueve el cigüeñal del compresor
4.- CILINDRO - Dentro contiene al pistón que comprime el aire
5.- DISIPADOR DE CALOR - Ayuda al enfriamiento del cilindro
6.- FILTRO DE AIRE – Permite que el cilindro succione aire limpio
7.- ENTRADA DE AIRE – El cilindro toma el aire del ambiente
8.- SALIDA DE AIRE - El aire es comprimido por el pistón y luego es expulsado
9.- VENTILADOR - Aspas conectadas al cigüeñal del compresor para expulsar el calor
10.- TERMÓMETRO – Indica la temperatura del aire comprimido
11.- MANÓMETRO – Indica la presión dentro del deposito
12.- VÁLVULA DE PURGA - Permite expulsar el agua acumulada por la humedad
13.- SALIDA DE AIRE - Salida de aire para su posterior tratamiento
14.- VÁLVULA DE SEGURIDAD – Expulsa el aire excedente y evita una explosión

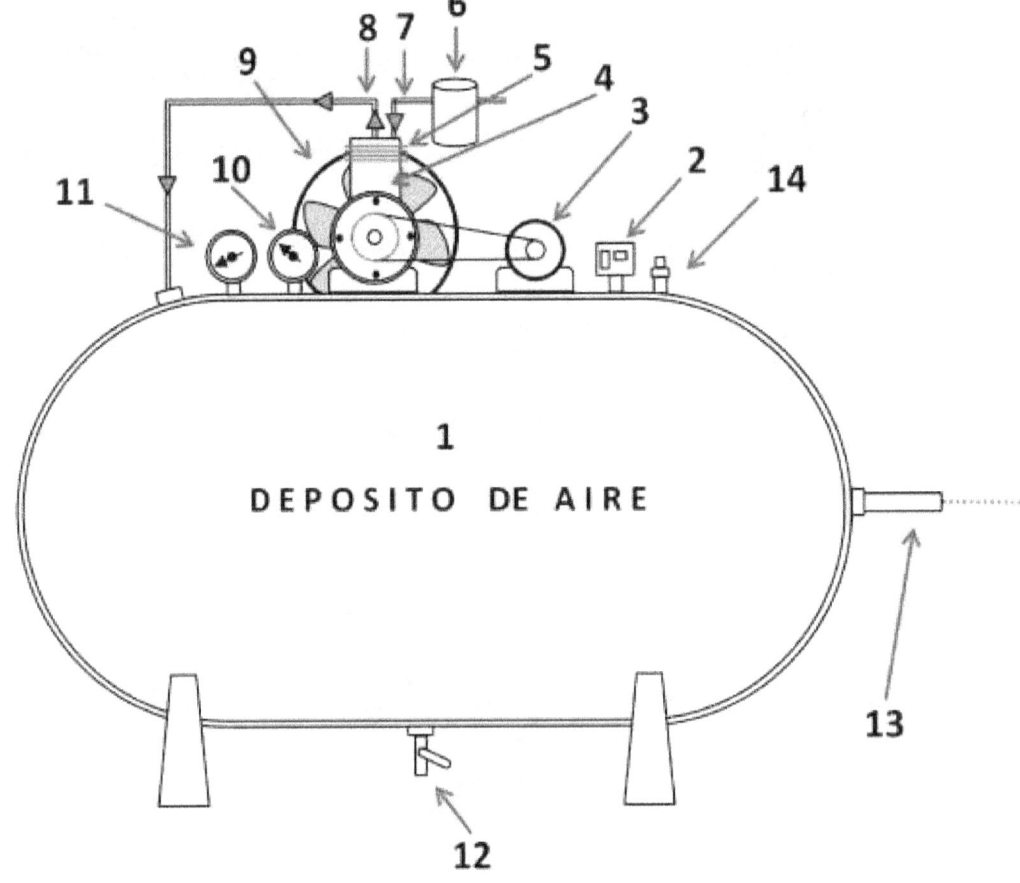

TRATAMIENTO DE AIRE

1.- SECADOR POR ENFRIAMIENTO – Retira la humedad del aire utilizando frio

2.- MANOMETRO Y TERMOMETRO – Indica la presión y temperatura del aire

3.- SALIDA DE AIRE – Salida de aire con poca humedad

4.- FILTRO – Retiene impurezas y restos de aceite del aire

5.- TUBERÍA PRINCIPAL - Transporta el aire comprimido para distribuirse a toda la red

6.- BAJANTE/ACOMETIDA – Conduce el aire hacia la unidad de mantenimiento

7.- VÁLVULA - Cierra o permite el paso de aire proveniente del deposito

8.- FILTRO – Retiene restos de humedad del sistema

9.- UNIDAD DE MANTENIMIENTO – Consta de filtro, lubricador y regulador de presión

10.- VÁLVULA DE CONTROL - Controla el funcionamiento del cilindro actuador

11.- TUBO DE POLIURETANO – Transporta el aire comprimido hacia los dispositivos

12.- CILINDRO ACTUADOR – Es el dispositivo que realiza el trabajo usando el aire comprimido

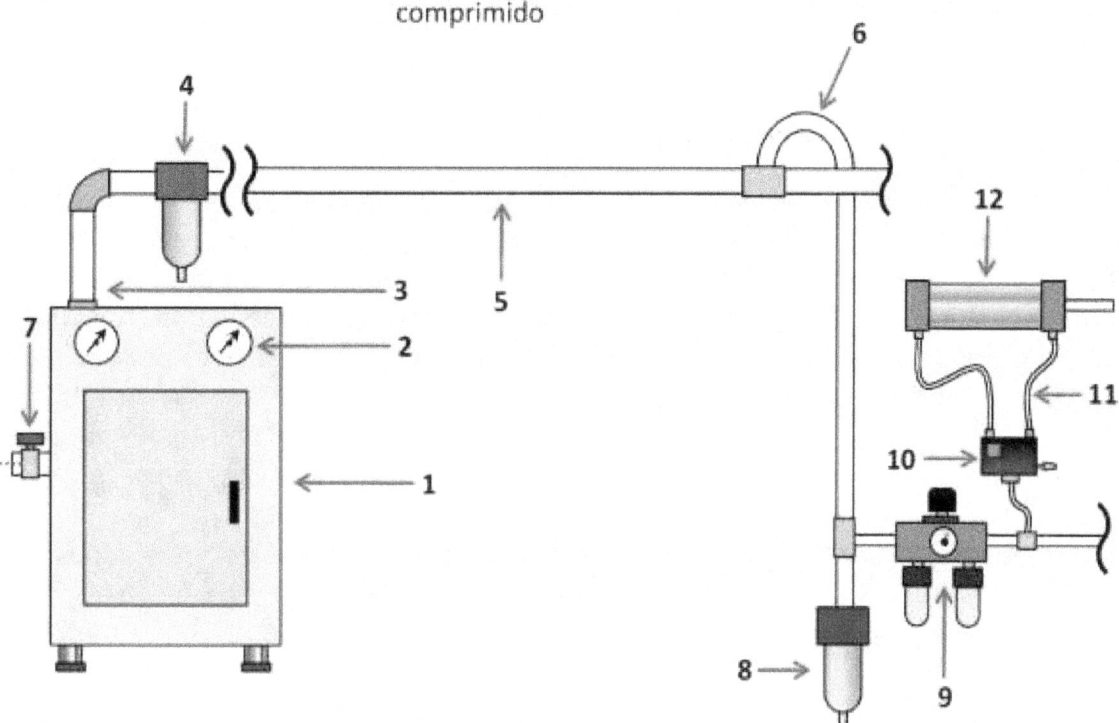

TRATAMIENTO DEL AIRE

Como vimos en la imagen anterior, pudimos notar que en un sistema neumático siempre existirán los filtros y dispositivos que retiran la humedad del aire, ya que al comprimirlo también se eleva la cantidad de agua dentro del depósito de aire. El exceso de agua ocasionará muchos problemas dentro del sistema, ya sea estancamientos, generación de óxidos, obstrucciones y desgaste en los mecanismos neumáticos.

Existen distintos procesos para separar el agua del aire, los más usuales son los siguientes:

1.- SECADO POR ABSORCIÓN

Es un proceso químico que se utiliza en instalaciones de bajo consumo de aire. Este equipo está conformado por un deposito que contiene una sustancia higroscópica (que absorbe humedad) a través del cual se hace circular el aire comprimido, conforme el aire circula, la sustancia absorbe la humedad que contiene, el resultado es un residuo de sustancia secante mezclada con agua. Los residuos deben eliminarse regularmente de forma manual o automática.

La sustancia secante debe reemplazarse de 2 a 4 veces al año aproximadamente

Es recomendable montar un filtro fino para evitar que los aceites y demás residuos ingresen al sistema y acorten la vida útil del absorbente.

SECADO POR ABSORCIÓN

En este tipo de secador, el aire húmedo entra por el conducto y pasa a una cámara donde se encuentra un material secante. La presión del aire lo obliga a subir a través de ese material mientras que va absorbiendo la humedad.

Cuando el material secante se satura, la humedad cae en forma de gotas de agua hasta el fondo del deposito donde Después será eliminado a Través de la válvula de purgas.

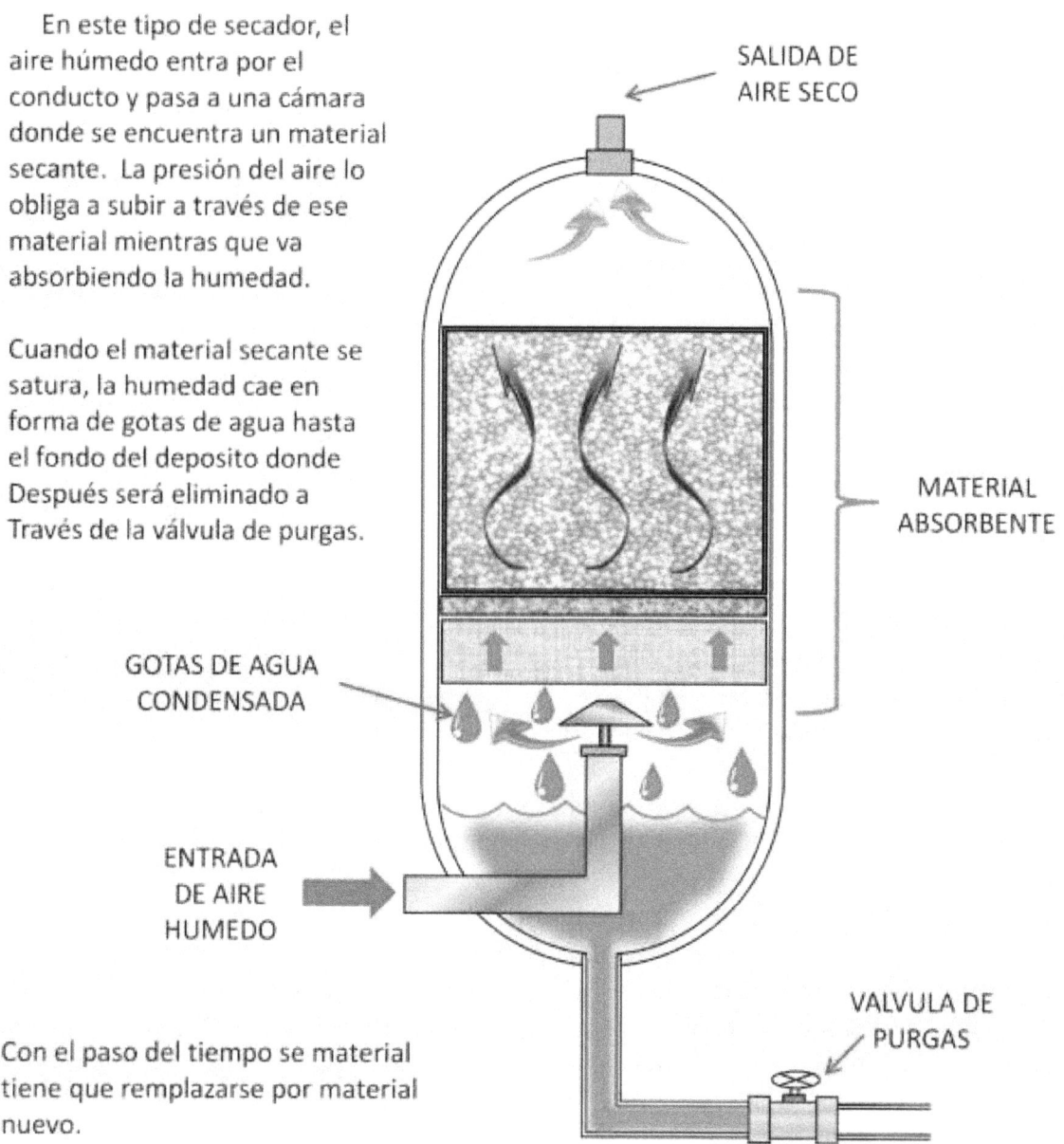

SALIDA DE AIRE SECO

MATERIAL ABSORBENTE

GOTAS DE AGUA CONDENSADA

ENTRADA DE AIRE HUMEDO

VALVULA DE PURGAS

Con el paso del tiempo se material tiene que remplazarse por material nuevo.

2.- SECADO POR ADSORCIÓN

Este tipo de sistema está conformado por dos depósitos llenos de material desecante en forma de pequeñas bolitas que capturan la humedad del aire.

Este sistema trabaja de forma cíclica, adsorbiendo y regenerando de tal forma que se obtiene aire seco de forma continua, es decir, mientras un depósito se encuentra adsorbiendo, el otro depósito se encuentra regenerando.

La regeneración consiste en retirar el agua retenida por las esferas aplicando aire seco o aire caliente. Al terminar el proceso de regeneración, el depósito se encuentra listo para comenzar un nuevo ciclo de secado.

Este sistema consta de dos métodos de regeneración.

1.-. SIN APORTE DE CALOR

2.- CON APORTE DE CALOR

El primero, utiliza parte del aire secado para secar las esferas adsorbentes, se gasta un 10% del aire tratado aproximadamente.

Con el segundo método, se utiliza un generador de aire caliente para retirar la humedad adsorbida, no hay gasto de aire tratado pues es un sistema independiente.

Nota: Absorción y adsorción no son lo mismo.
-La absorción se refiere a un material que permite que las moléculas de otro material penetren dentro de él.
-La adsorción se refiere a un material que permite que las moléculas de otro material sean atraídas y retenidas solo en su superficie.
Ejemplo:

MATERIAL ABSORBENTE   MATERIAL ADSORBENTE

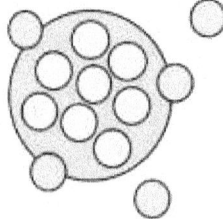

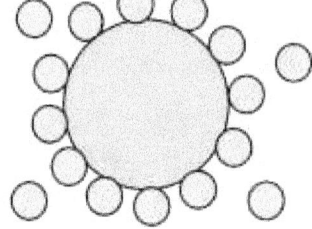

SECADOR POR ADSORCIÓN <u>SIN APORTE DE CALOR</u>

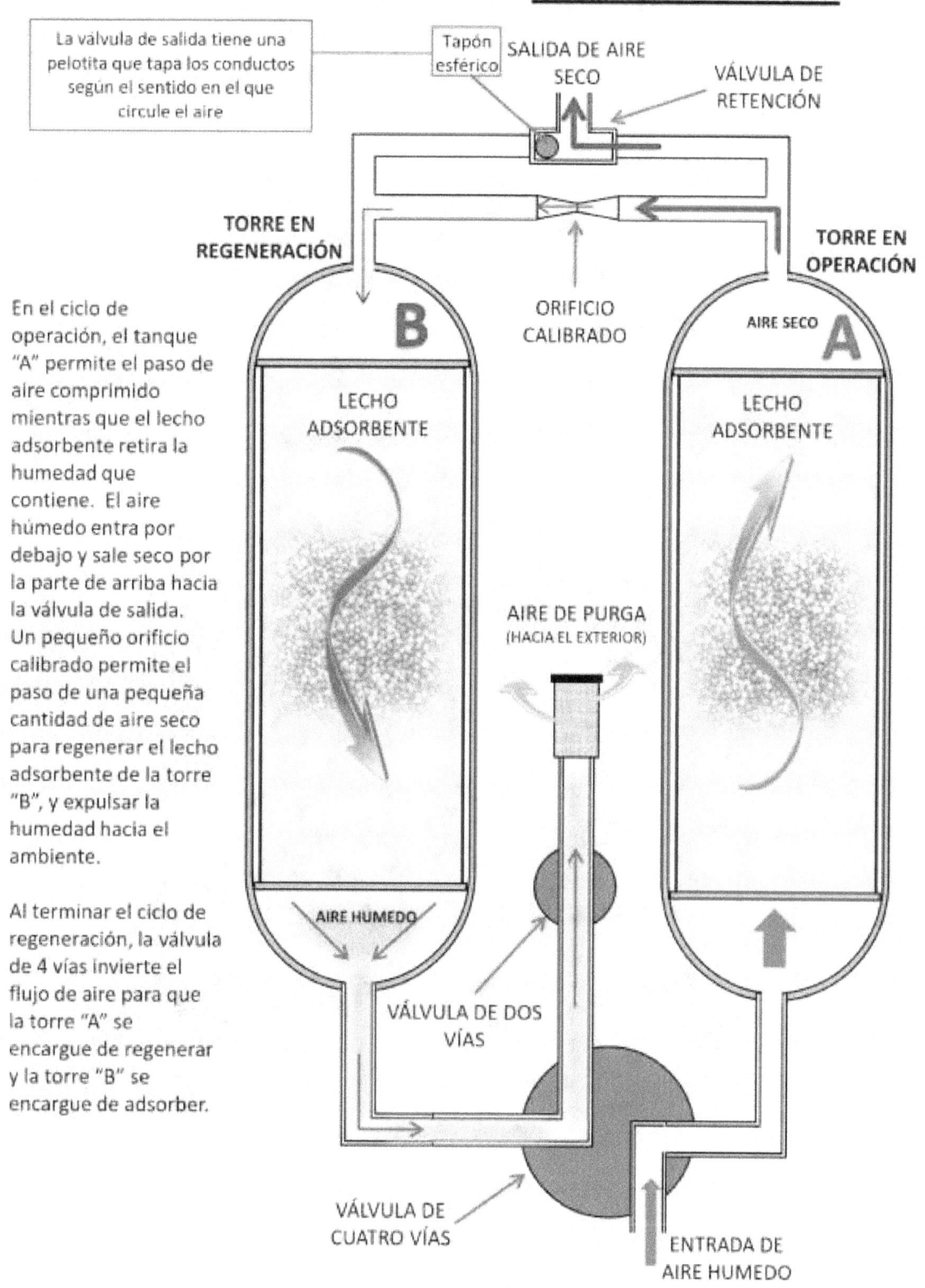

La válvula de salida tiene una pelotita que tapa los conductos según el sentido en el que circule el aire

Tapón esférico

SALIDA DE AIRE SECO

VÁLVULA DE RETENCIÓN

TORRE EN REGENERACIÓN

TORRE EN OPERACIÓN

ORIFICIO CALIBRADO

AIRE SECO

B

A

LECHO ADSORBENTE

LECHO ADSORBENTE

AIRE DE PURGA
(HACIA EL EXTERIOR)

AIRE HUMEDO

VÁLVULA DE DOS VÍAS

VÁLVULA DE CUATRO VÍAS

ENTRADA DE AIRE HUMEDO

En el ciclo de operación, el tanque "A" permite el paso de aire comprimido mientras que el lecho adsorbente retira la humedad que contiene. El aire húmedo entra por debajo y sale seco por la parte de arriba hacia la válvula de salida. Un pequeño orificio calibrado permite el paso de una pequeña cantidad de aire seco para regenerar el lecho adsorbente de la torre "B", y expulsar la humedad hacia el ambiente.

Al terminar el ciclo de regeneración, la válvula de 4 vías invierte el flujo de aire para que la torre "A" se encargue de regenerar y la torre "B" se encargue de adsorber.

SECADOR POR ADSORCIÓN SIN APORTE DE CALOR

SECADOR POR ADSORCIÓN CON APORTE DE CALOR

El funcionamiento de este tipo de secador es muy parecido al secador sin aporte de calor producido por una resistencia eléctrica que puede estar inmersa en el material desecante o puede ser un sistema de calentamiento externo.

Ese aire caliente puede ser impulsado por un ventilador a través de la torre de regeneración o puede ser succionado por la fuerza del mismo aire a presión.

El calor separa el agua adsorbida por el material desecante y una porción de aire comprimido lo empuja hacia el exterior

Las válvulas de control permiten manipular el flujo de aire para lograr la regeneración.

Las válvulas pueden ser manuales o automáticas.

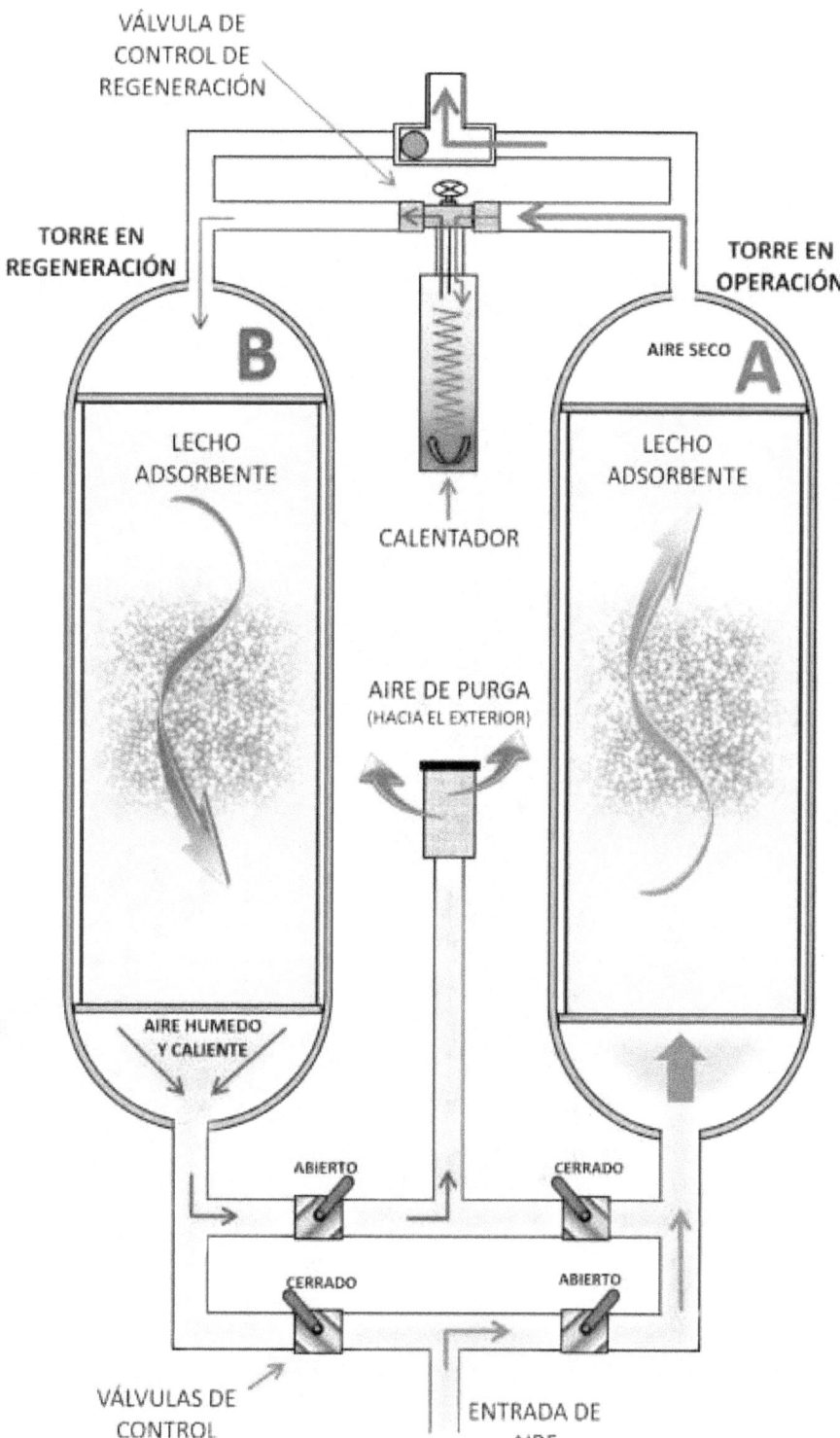

VÁLVULA DE CONTROL DE REGENERACIÓN

TORRE EN REGENERACIÓN

TORRE EN OPERACIÓN

B

LECHO ADSORBENTE

CALENTADOR

AIRE SECO

A

LECHO ADSORBENTE

AIRE DE PURGA (HACIA EL EXTERIOR)

AIRE HUMEDO Y CALIENTE

ABIERTO

CERRADO

CERRADO

ABIERTO

VÁLVULAS DE CONTROL

ENTRADA DE AIRE

SECADOR POR ADSORCIÓN CON APORTE DE CALOR

CALENTADOR
ELÉCTRICO

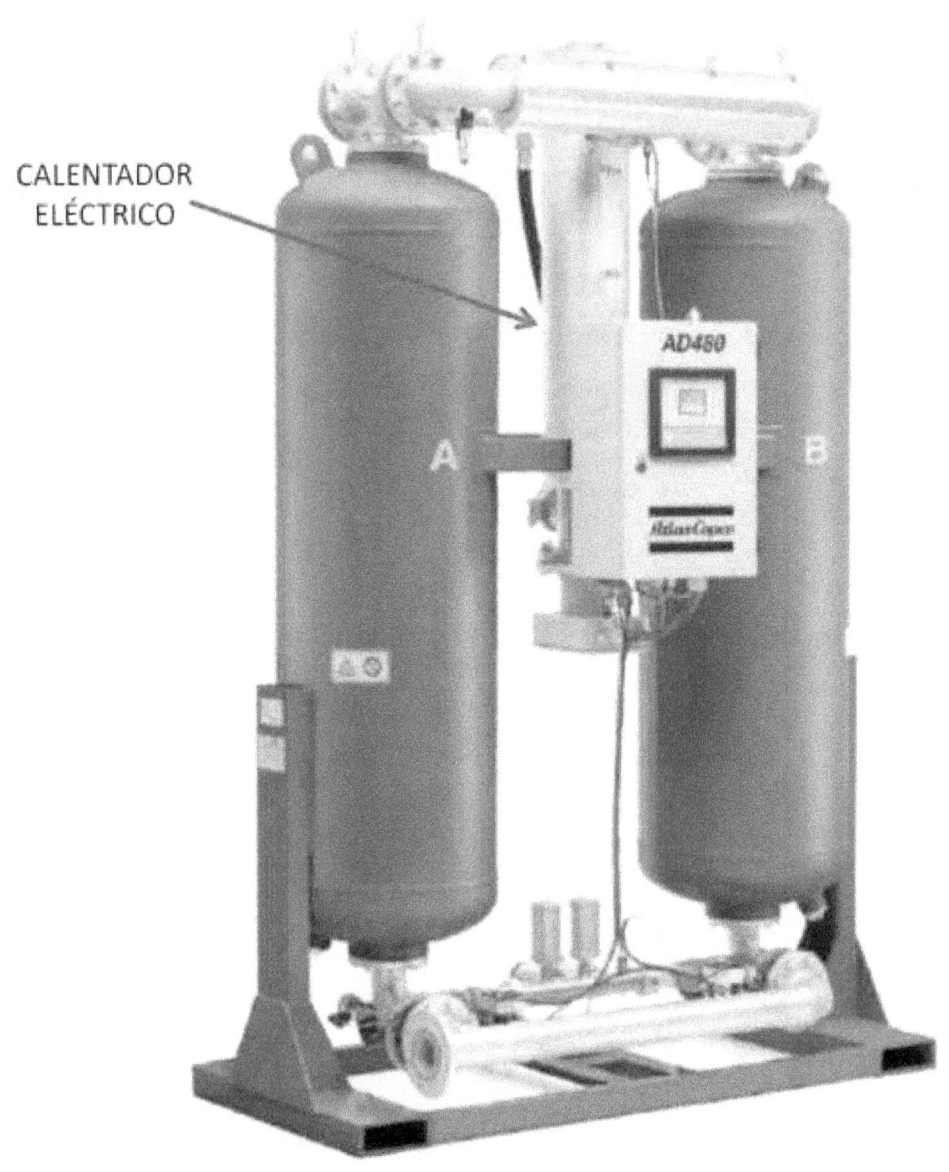

3.- SECADO POR ENFRIAMIENTO

Los secadores por enfriamiento bajan la temperatura del aire comprimido para que se produzca la condensación de la humedad y pueda ser expulsada hacia el exterior.

Funciona por medio de un sistema de refrigeración y un intercambiador de calor. Los hay de diferentes capacidades según las necesidades del caudal de aire.

PRINCIPIO DE FUNCIONAMIENTO

El aire húmedo entra por el intercambiador y circula a través de las tuberías mientras que el compresor genera frío en el evaporador.

Cuando el aire húmedo circula por un ambiente helado toda su humedad se condensa y cae en forma de gotas de agua, que a su vez son retenidas por el separador de drenaje para ser expulsadas.

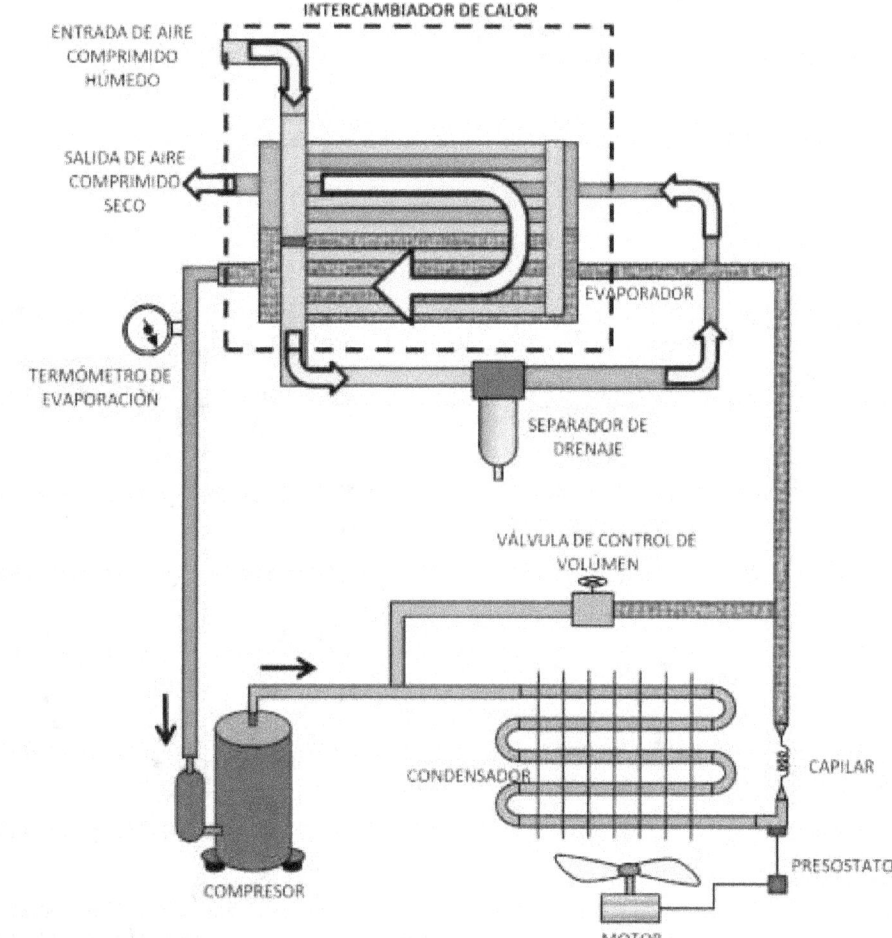

Un ejemplo del funcionamiento sería la escarcha que se forma en el serpentín evaporador de nuestros refrigeradores, ese hielo es la humedad del ambiente condensado y congelado.

SECADOR POR ENFRIAMIENTO

Estos son unos modelos del secador por enfriamiento. Como se puede ver, es muy parecido a un aire acondicionado ya que el funcionamiento es casi igual, solo que en vez de refrescar el aire de la habitación, este solo condensa la humedad del aire comprimido.

ENTRADA DE
AIRE

1.- COMPRESOR
2.- INTERCAMBIADOR DE CALOR
 CONDENSADOR/EVAPORADOR
3.- MOTOR VENTILADOR
4.- PRESOSTATO
5.- VÁLVULA DE PURGA
6- VÁLVULA DE CONTROL DE
 VOLUMEN
7.- FILTRO
8.- DEPOSITO DE LIQUIDO

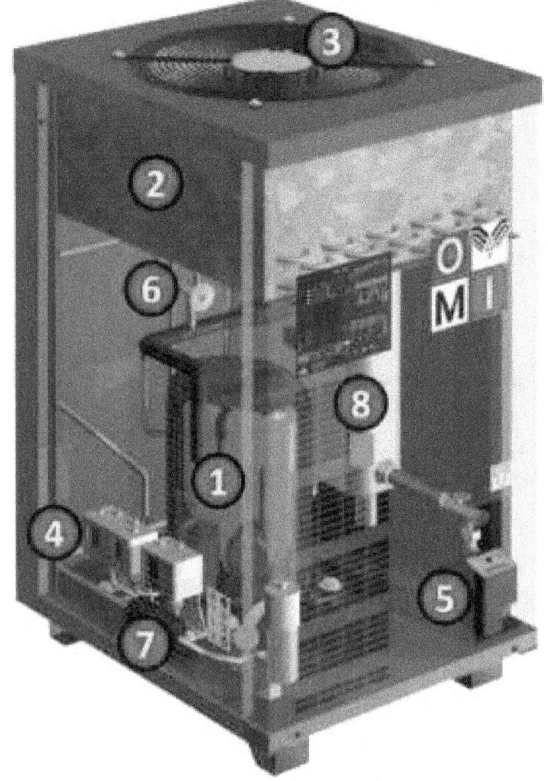

FILTRAJE Y LUBRICACIÓN

El aire atmosférico lleva consigo humedad, polvo y sustancias corrosivas.
Tras la compresión del aire se le retira la humedad en el secador, ahora le toca
limpiarlo con los filtros.

Existen diferentes tipos de filtros dependiendo de la pureza del aire que se necesite.

1.- FILTRO ESTANDAR
2.- FILTRO MICRÓNICO
3.- FILTRO SUBMICRÓNICO
4.- FILTRO DE ASPIRACIÓN
5.- FILTRO DE CARBÓN ACTIVADO
6.- UNIDAD DE MANTENIMIENTO

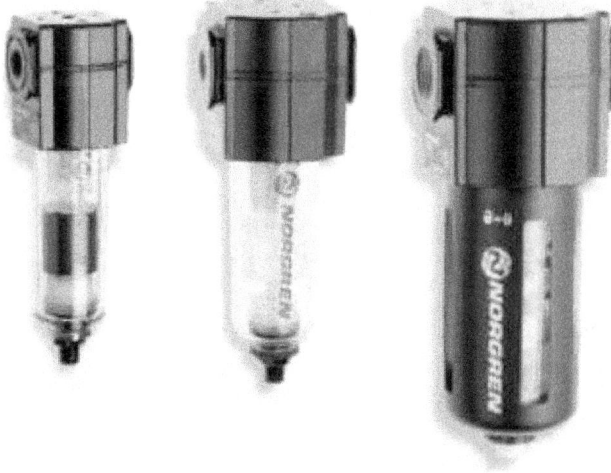

FILTRO ESTANDAR

El filtro estándar consta de un separador de agua y un filtro combinado. Si el aire aún tiene humedad esta será atrapada en el depósito para después ser purgada.

El filtro retendrá el polvo, restos de aceite y partículas de óxido. El aire entra por fuera del cartucho filtrante, lo penetra y sale por dentro del cartucho hacia afuera.

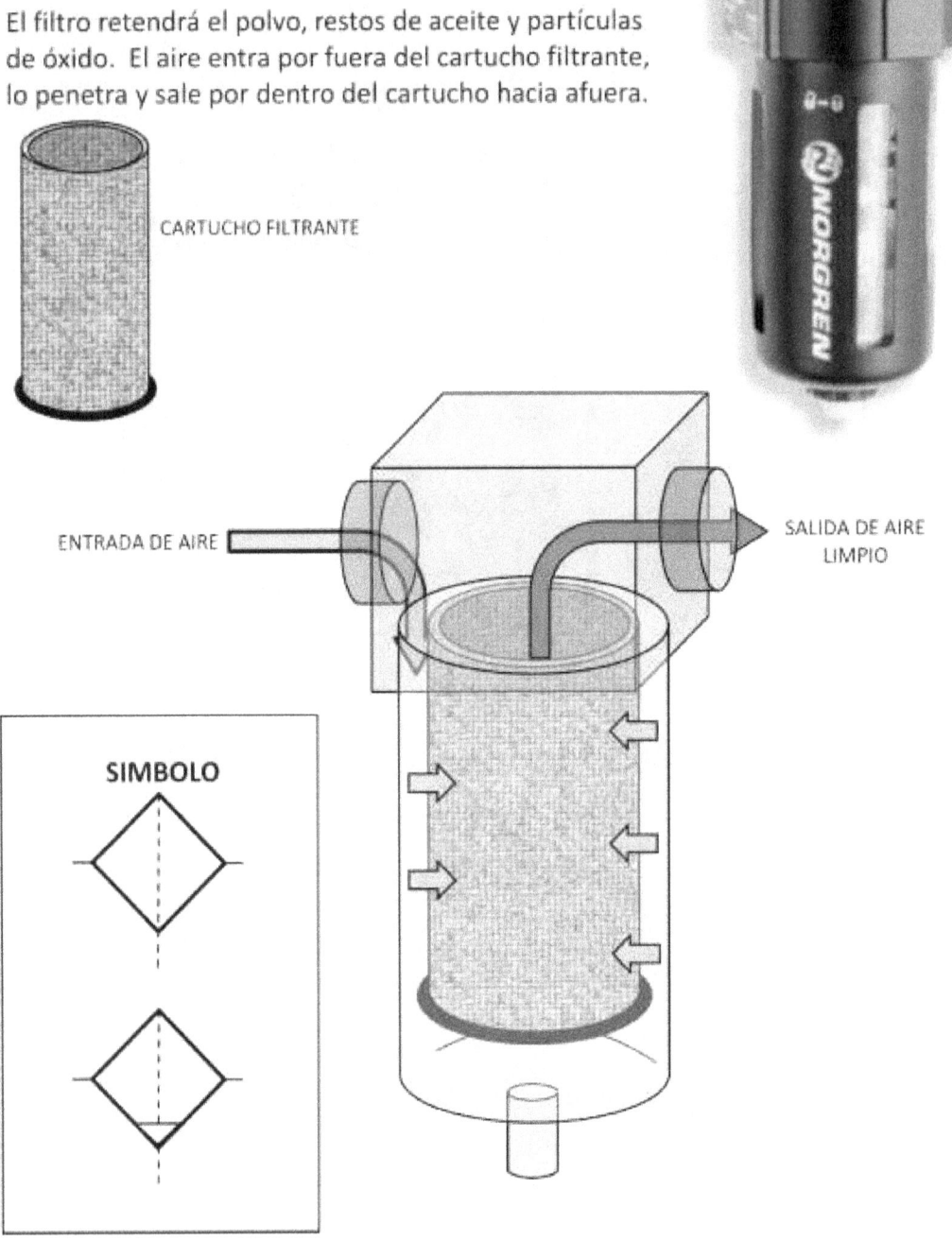

CARTUCHO FILTRANTE

ENTRADA DE AIRE

SALIDA DE AIRE LIMPIO

SIMBOLO

FILTRO MICRÓNICO

Este filtro se utiliza cuando existe vapor de aceite en el sistema. Además de condensar los vapores de aceite también lo hace con la neblina de agua y polvo

El aire entra por el centro del cartucho y sale limpio por fuera de él hacia la salida del filtro

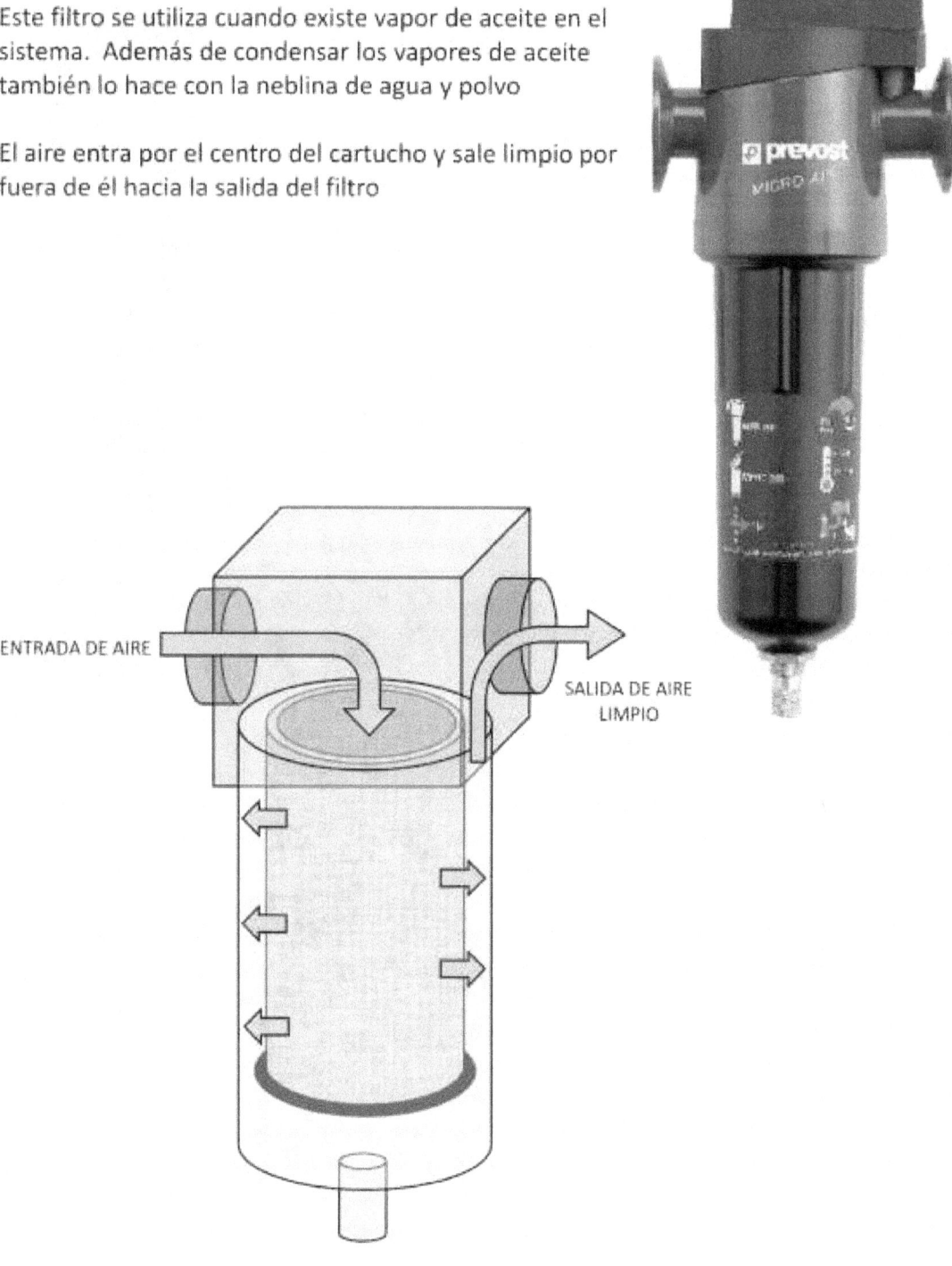

ENTRADA DE AIRE

SALIDA DE AIRE LIMPIO

FILTRO SUBMICRÓNICO

Este filtro elimina el 99.99% de impurezas de agua, polvo y aceite del sistema.
El cartucho retiene partículas de hasta 0.01 micras.

Utilizado para proteger dispositivos neumáticos de precisión, otorgar pureza en pintura pulverizada y limpieza de accesorios electrónicos.

El filtro consta de varias capas lo que lo hace mucho más eficiente.

Físicamente es muy parecido a los anteriores.

FILTROS DE ASPIRACIÓN

Los filtros de aspiración se colocan en la succión del compresor, es la primera etapa de filtrado del aire.

La porosidad de estos filtros están tratados de forma especial de manera que no afecta la capacidad de succión del compresor.

FILTROS DE CARBÓN ACTIVADO

Este filtro contiene carbón activado, utilizado para eliminar restos de aceite, solventes y olores desagradables.
Tiene que instalarse un filtro fino antes que este para aumentar la longevidad.
Este filtro no disminuye la velocidad del flujo de aire.

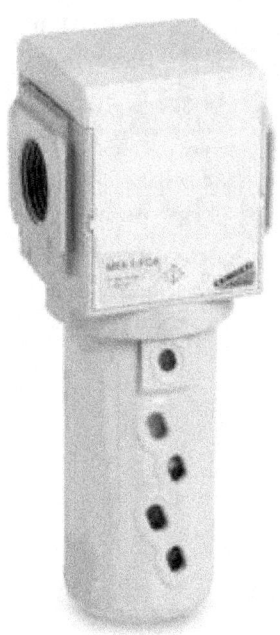

UNIDAD DE MANTENIMIENTO

La unidad de mantenimiento es el conjunto de tres dispositivos de tratamiento de aire Consta de:

1.-Filtro de aire
2.-Regulador de presión de aire
3.-Lubricador

Esta construido así para facilitar la conexión y evitar ocupar mas espacio. Generalmente se conecta justo antes de la maquinaria neumática

El lubricador tiene un depósito con aceite, cuando existe presión de aire, el aceite es empujado a través de un conducto y es pulverizado por un pequeño atomizador llamado "venturi", Así, el aceite pulverizado circula por las tuberías hasta la maquinaria neumática.

Es necesario lubricar las partes móviles de los mecanismos ya que así se evita el desgaste prematuro de las piezas internas.

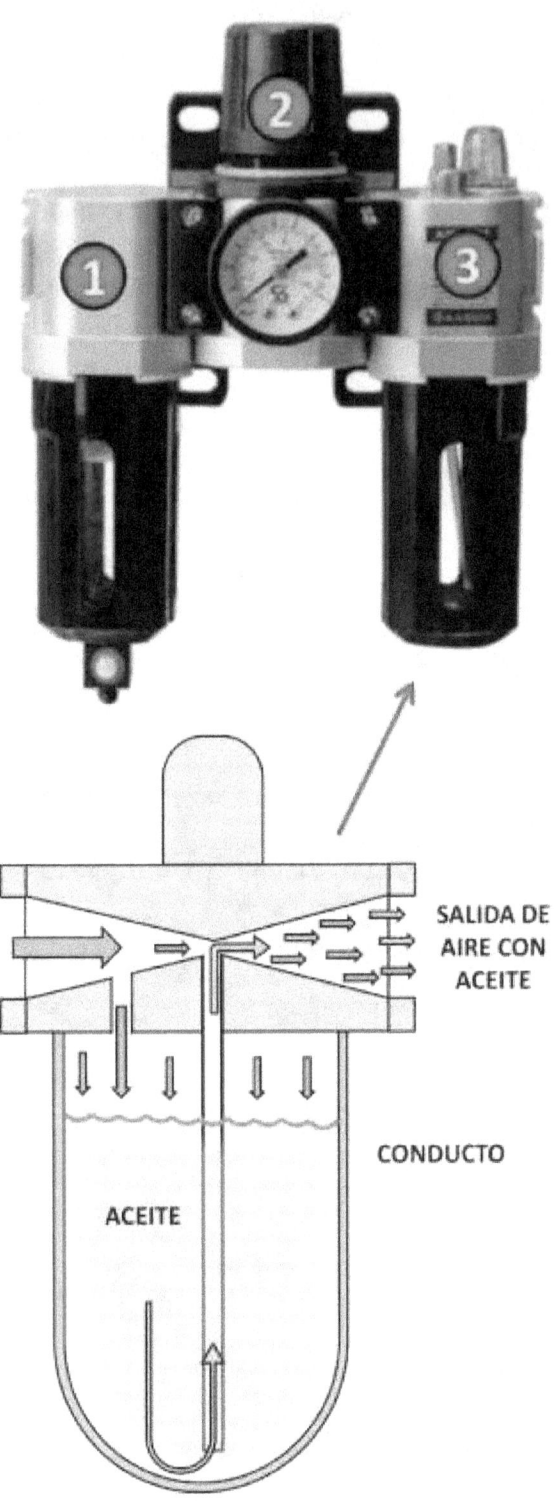

ENTRADA DE AIRE

SALIDA DE AIRE CON ACEITE

CONDUCTO

ACEITE

SIMBOLOGÍA

La unidad de mantenimiento se simboliza de dos formas:

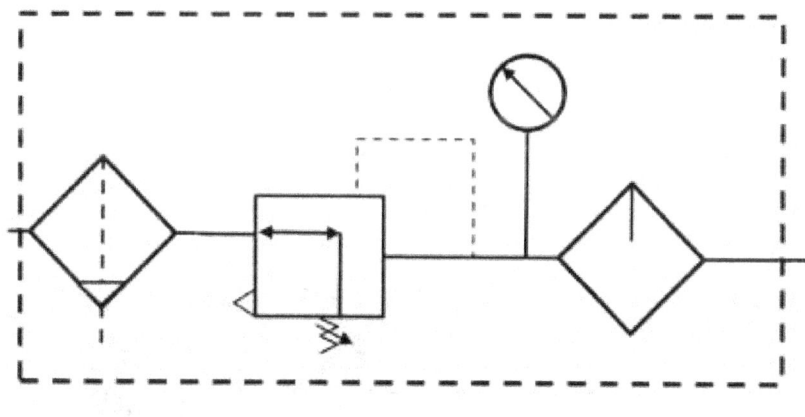

SIMBOLO COMPLETO

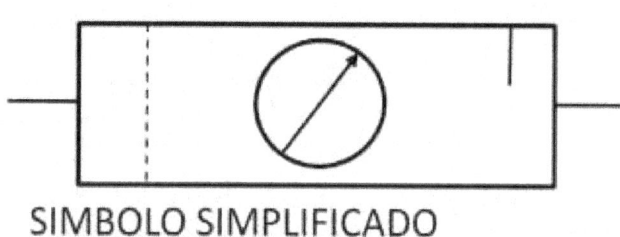

SIMBOLO SIMPLIFICADO

Deberá respetarse las prescripciones del fabricante respecto al caudal en m3/h
Si el caudal es muy grande se pueden tener pérdidas de carga.

NO se deberá sobrepasar la presión ni temperatura indicados en la etiqueta.

TABLA DE CLASIFICACIÓN DE FILTROS

En esta tabla se muestran algunos de los diferentes tipos de filtros de acuerdo a su capacidad de filtración.

FILTROS	NIVEL DE FILTRADO	CAPACIDAD
ESTANDAR	MAYOR DE 5 MICRONES	ELIMINACIÓN DE CONDENSADOS E IMPUREZAS SÓLIDAS
CON ELEMENTOS DE FIBRAS PARA ADSORCIÓN	3 MICRONES	ELIMINACIÓN DE CARBÓN Y ALQUITRÁN DEL AIRE COMPRIMIDO
CON FILTRO DE AIRE SUBMICRÓNICO	0.3 MICRONES	ELMINACIÓN DE POLVO, ACEITE Y HUMEDAD DEL AIRE
CON FILTRO SEPARADOR DE AEROSOLES DE ACEITE	0.01 MICRONES	ELIMINACIÓN DE OLORES EN EL AIRE COMPRIMIDO

VÁLVULA REGULADORA DE PRESIÓN

Los reguladores, mantienen la presión de salida de manera constante, ya que la generación de aire comprimido conlleva variaciones de presión que podrían afectar el correcto funcionamiento del sistema neumático.

La presión de entrada se denomina "PRESIÓN PRIMARIA" y la presión de salida se le llama "PRESIÓN SECUNDARIA".
La presión primaria siempre es mayor que la secundaria y es regulada por una membrana flexible ante los cambios de presión.

SIMBOLO

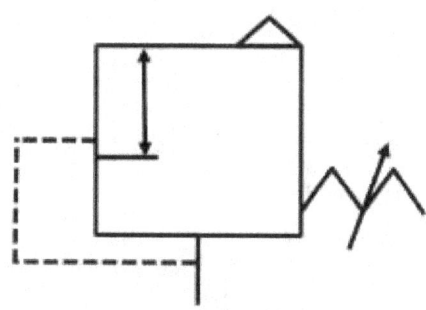

VISTA INTERNA DE UNA VÁLVULA REGULADORA

El fluio de aire de la presión primaria es frenada por la Válvula de asiento, ya que restringe el paso de aire por la reducción de espacio. El aire ya regulado es expulsado por el orificio de salida (presión secundaria).

El tornillo de regulación permite ajustar el flujo de aire aplicando mayor o menor presión al muelle.

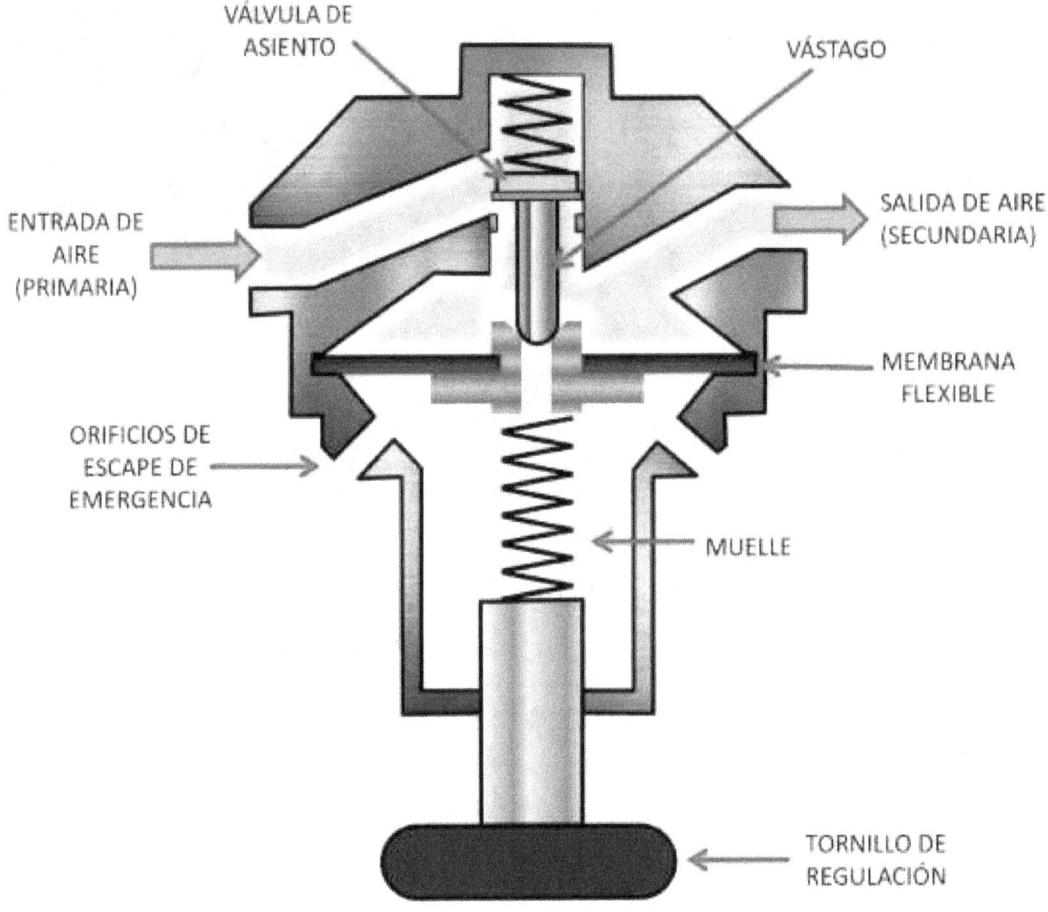

VÁLVULA DE ASIENTO

VÁSTAGO

ENTRADA DE AIRE (PRIMARIA)

SALIDA DE AIRE (SECUNDARIA)

MEMBRANA FLEXIBLE

ORIFICIOS DE ESCAPE DE EMERGENCIA

MUELLE

TORNILLO DE REGULACIÓN

Cuando ocurre un aumento súbito de presión de retorno por la línea secundaria, la presión empuja al diafragma y el aire sale por los orificios de escape al mismo tiempo que el asiento de válvula cierra el paso de aire.

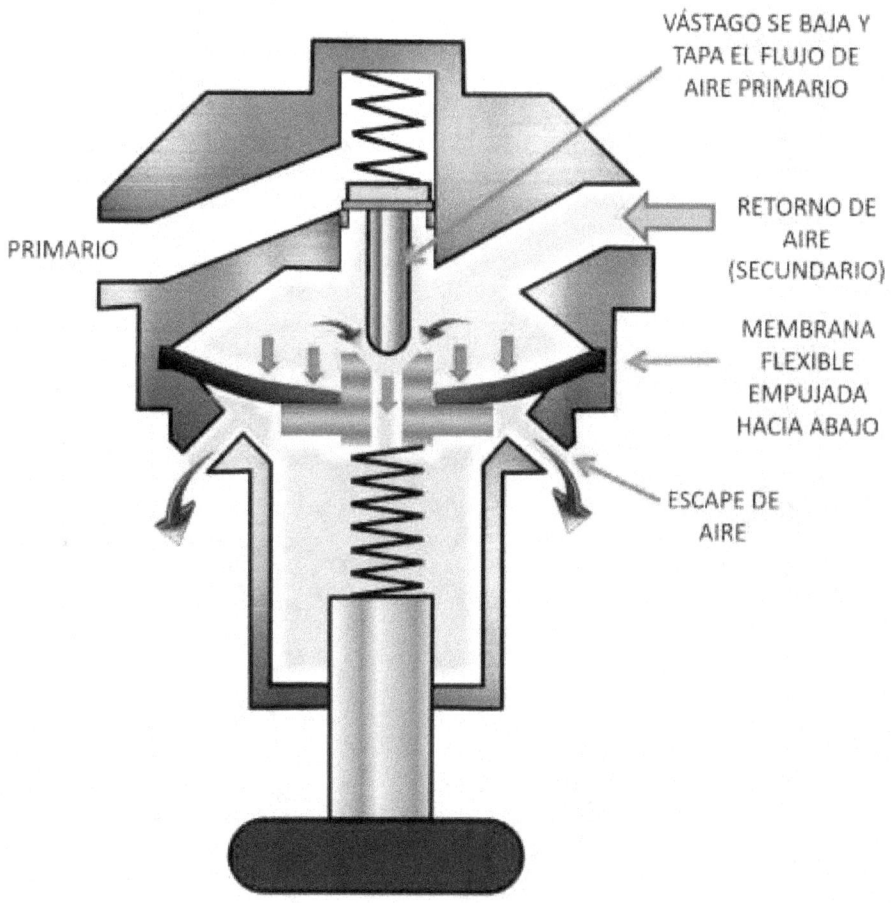

VÁSTAGO SE BAJA Y TAPA EL FLUJO DE AIRE PRIMARIO

RETORNO DE AIRE (SECUNDARIO)

MEMBRANA FLEXIBLE EMPUJADA HACIA ABAJO

ESCAPE DE AIRE

PRIMARIO

Existen diferentes tipos y modelos de reguladores de presión diseñados para cumplir con los requerimientos de cada sistema neumático según el caudal en litros por minuto. lt/min

VÁLVULA REGULADORA DE PRESIÓN AJUSTABLE CON MANÓMETRO

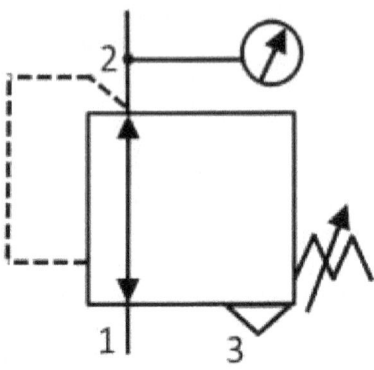

VÁLVULA REGULADORA DE PRESIÓN AJUSTABLE SIN MANÓMETRO

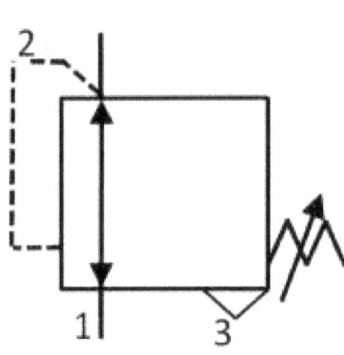

VÁLVULA REGULADORA DE PRESIÓN AJUSTABLE DE TRES VIAS SIN MANÓMETRO

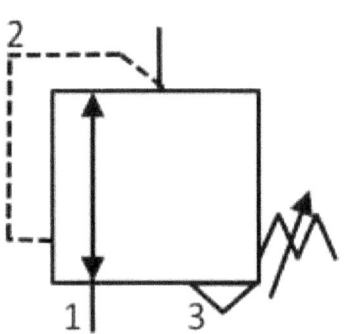

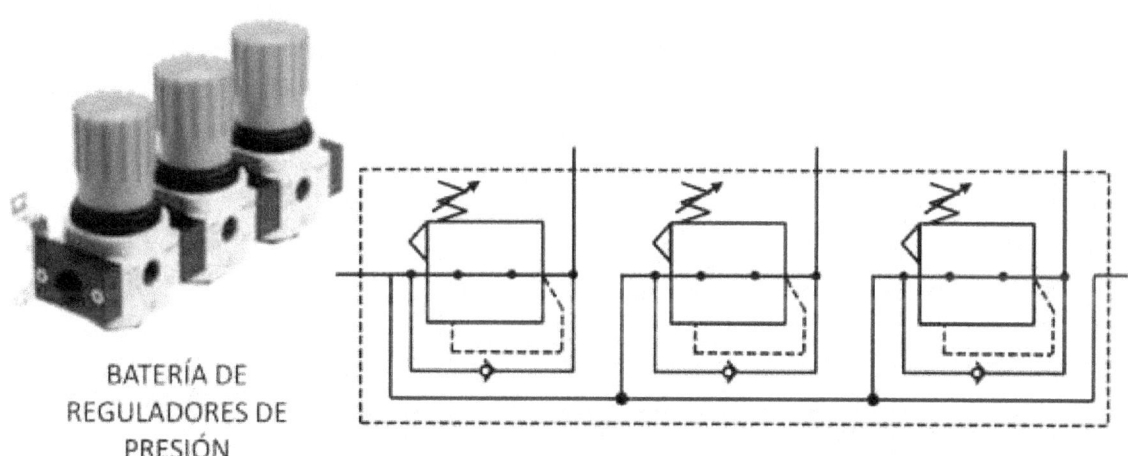

BATERÍA DE
REGULADORES DE
PRESIÓN

VÁLVULA REGULADORA DE
PRESIÓN DE DOS VÍAS

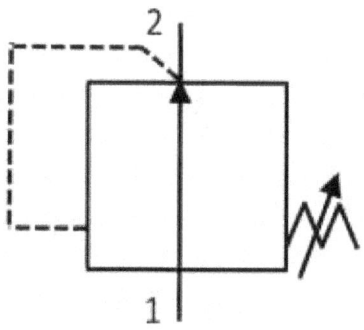

SIMBOLOGÍA
ELEMENTOS DE ALIMENTACIÓN

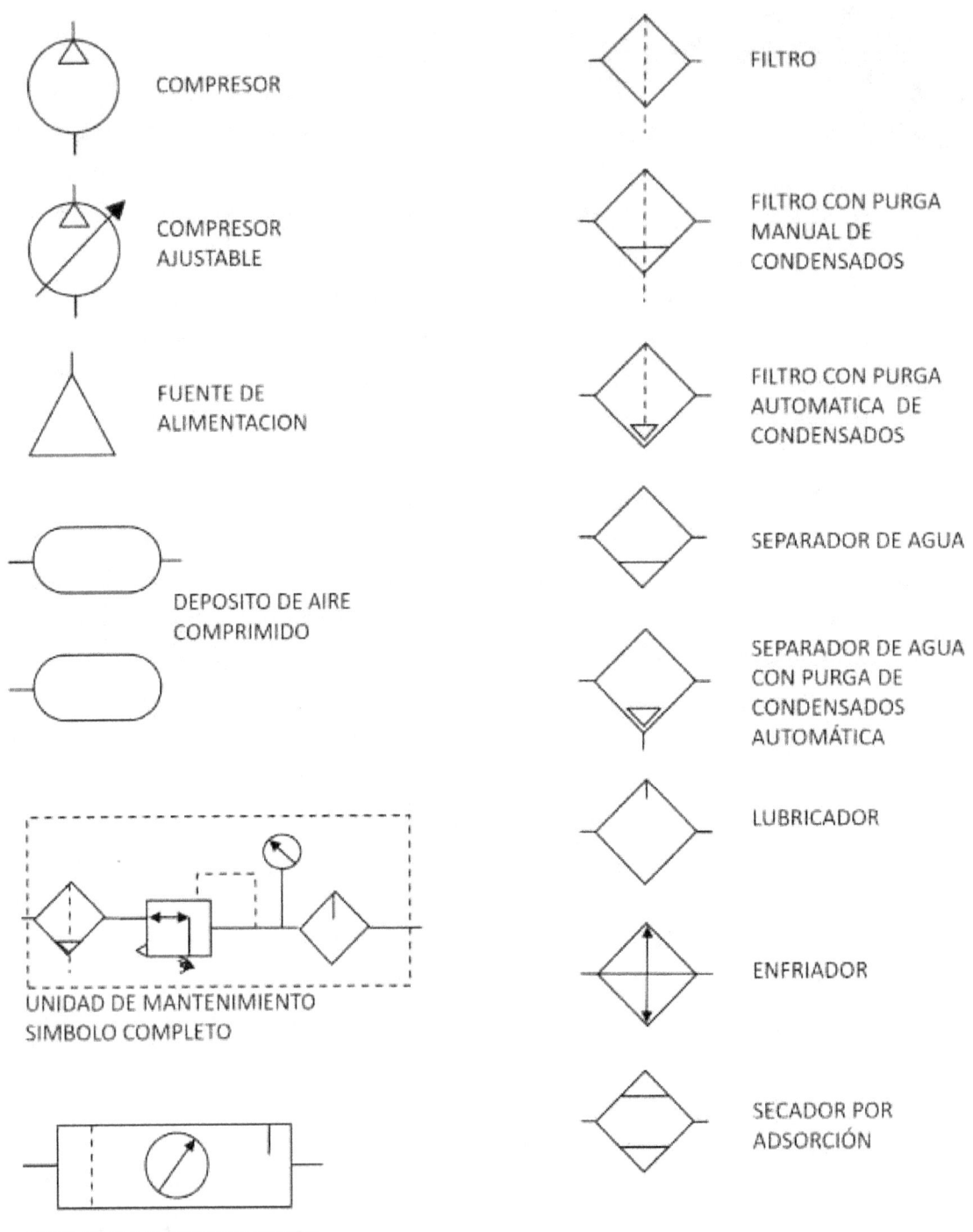

COMPRESOR

COMPRESOR AJUSTABLE

FUENTE DE ALIMENTACION

DEPOSITO DE AIRE COMPRIMIDO

UNIDAD DE MANTENIMIENTO SIMBOLO COMPLETO

UNIDAD DE MANTENIMIENTO SIMBOLO SIMPLE

FILTRO

FILTRO CON PURGA MANUAL DE CONDENSADOS

FILTRO CON PURGA AUTOMATICA DE CONDENSADOS

SEPARADOR DE AGUA

SEPARADOR DE AGUA CON PURGA DE CONDENSADOS AUTOMÁTICA

LUBRICADOR

ENFRIADOR

SECADOR POR ADSORCIÓN

Capitulo 5

CILINDROS ACTUADORES

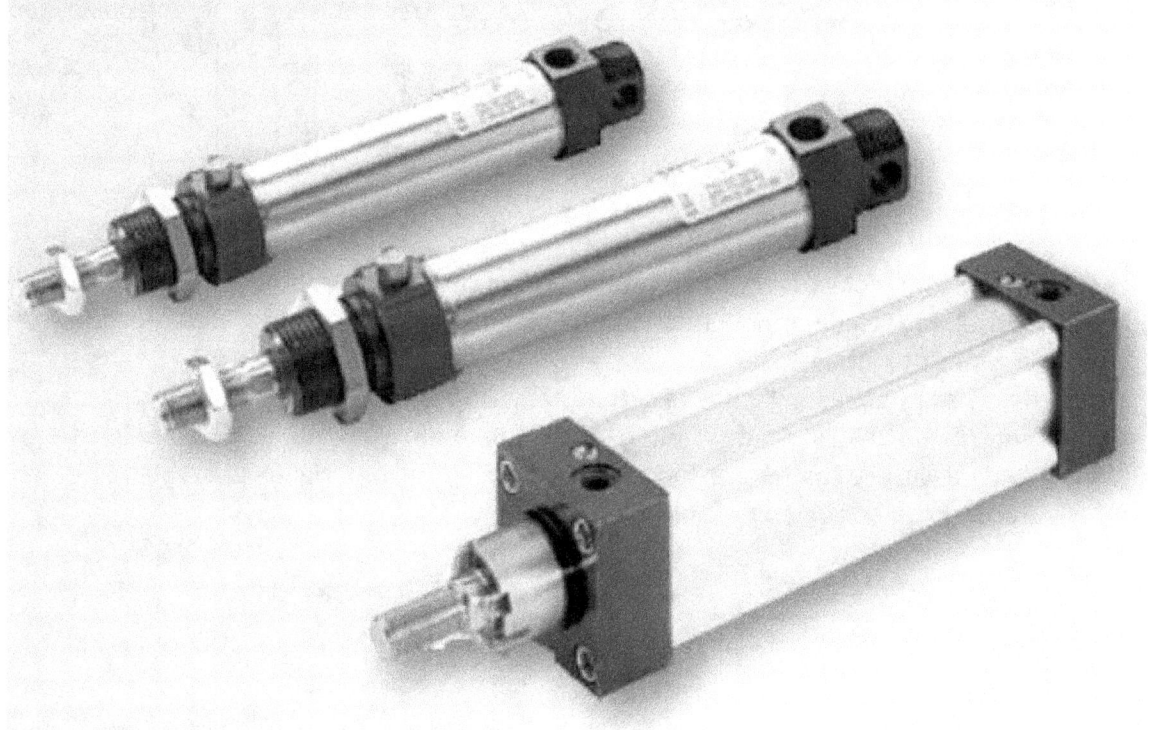

ACTUADORES COMO ELEMENTOS DE TRABAJO

En neumática, los elementos de trabajo más usuales son los cilindros neumáticos, los cuales se componen de un tubo cilíndrico con un vástago de acero en el centro que conforma un émbolo que es desplazado al serle suministrado aire a presión al mismo tiempo que expulsa el aire que contenía el cilindro por el orificio de salida logrando así realizar un trabajo.

VISTA INTERNA DE UN CILINDRO NEUMATICO

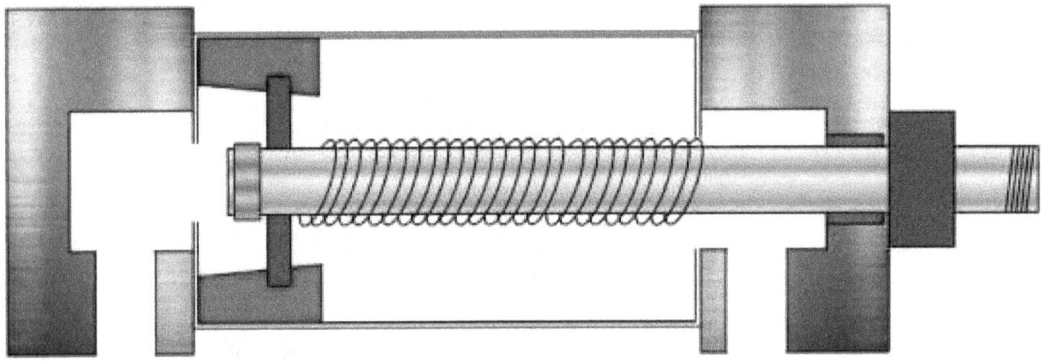

Los cilindros neumáticos transforman la energía del aire comprimido en un trabajo de empuje o tiro. Existen diferentes tipos y tamaños de cilindros utilizados de acuerdo a las necesidades de trabajo.

 Estos cilindros también son llamados **actuadores.**   En la figura de arriba se muestra la parte interna de un cilindro de "simple efecto·" llamado así porque solo cumple con la función de avanzar al haber presión y regresar a su posición original gracias al muelle (resorte) que tiene en medio del vástago.

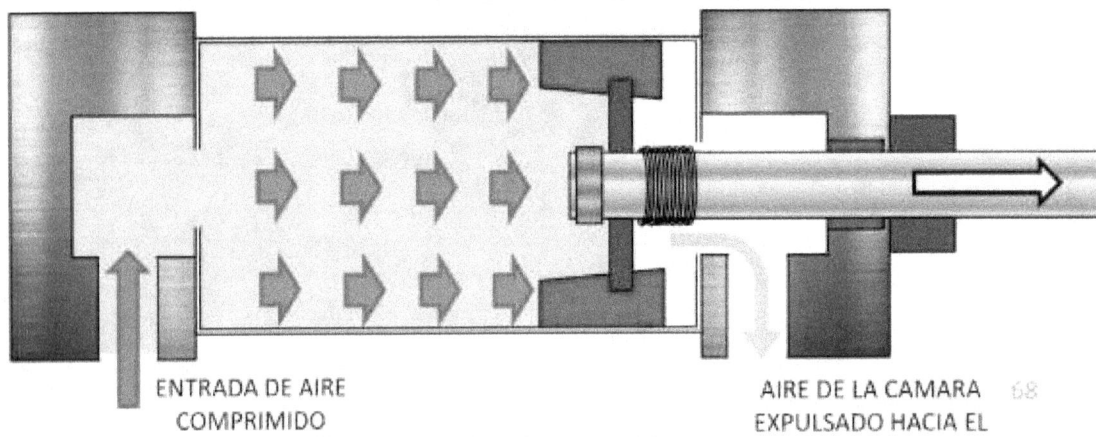

ENTRADA DE AIRE
COMPRIMIDO

AIRE DE LA CAMARA
EXPULSADO HACIA EL

COMPONENTES PRINCIPALES DE UN ACTUADOR SIMPLE

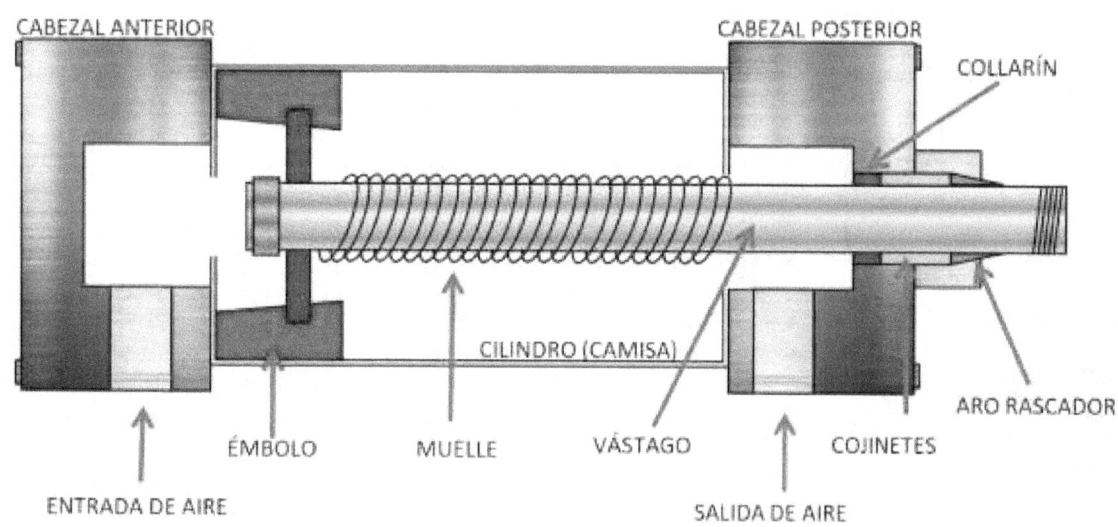

CABEZAL ANTERIOR

CABEZAL POSTERIOR

COLLARÍN

CILINDRO (CAMISA)

ARO RASCADOR

ÉMBOLO

MUELLE

VÁSTAGO

COJINETES

ENTRADA DE AIRE

SALIDA DE AIRE

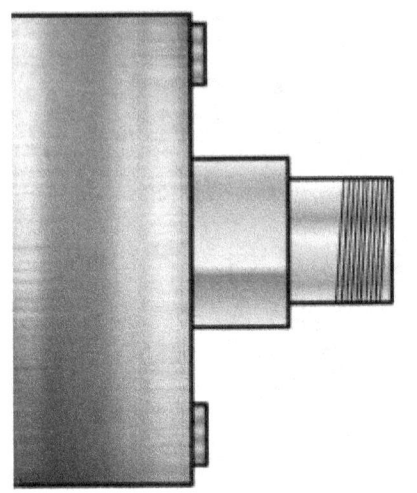

La distancia que recorre el vástago se nombra "CARRERA" y se mide en milímetros

Los cilindros tienen diferentes distancias de carrera según se necesite. En este caso es uno de carrera corta de 100mm. Este tipo de cilindro de simple efecto tiene limitada la carrera a menos de 200mm porque el muelle no regresaría el vástago de manera efectiva si fuera muy largo.

100mm

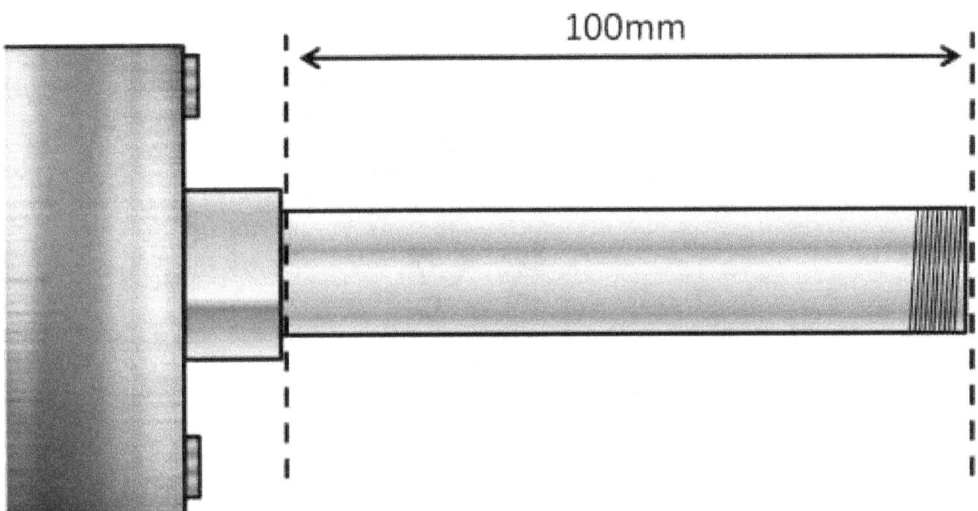

TIPOS DE ACTUADORES

CILINDRO DE SIMPLE EFECTO

SÍMBOLO

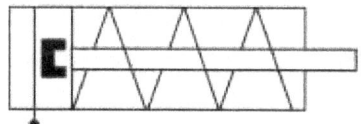

En estos cilindros solo hay una conexión de aire comprimido. Solo realiza trabajos en un solo sentido: Avance y retroceso por muelle, significa que el resorte empuja el vástago de vuelta a su posición original.
Realizan trabajos simples y de carreras cortas

CILINDRO DE DOBLE EFECTO

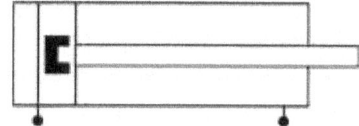

En este caso, los cilindros tienen dos conexiones por los que entra el aire comprimido, es decir el émbolo hace movimiento de translación en los dos sentidos. Se utiliza para trabajos con carreras largas y rápidas.

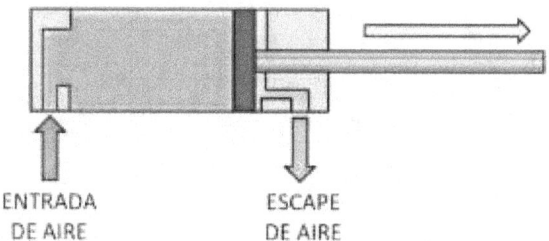

ENTRADA
DE AIRE

ESCAPE
DE AIRE

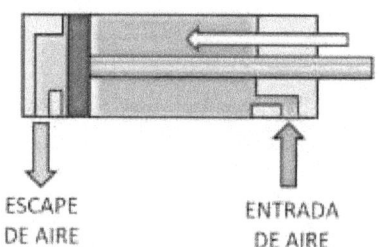

ESCAPE
DE AIRE

ENTRADA
DE AIRE

70

CILINDRO DE DOBLE EFECTO CON AMORTIGUACIÓN INTERNA

Esta clase de cilindros son físicamente parecidos a los demás, sin embargo, estos tienen un sistema de amortiguación que absorbe el impacto que produce el regreso del vástago evitando así el deterioro del cilindro.

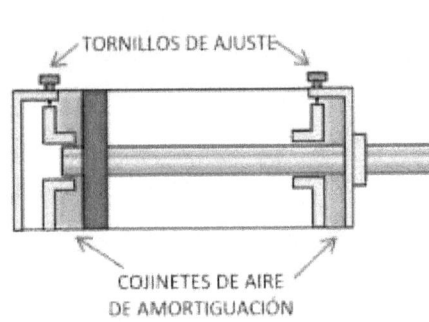

TORNILLOS DE AJUSTE

COJINETES DE AIRE
DE AMORTIGUACIÓN

El sistema se acciona un momento antes de que el vástago llegue al final del recorrido. Un poco de aire es almacenado en la última parte del cilindro haciendo que el émbolo se frene por sobrepresión. Esta amortiguación puede ser ajustable o no ajustable

Existen cilindros con distintas configuraciones de amortiguación y serán elegidos según las necesidades

AMORTIGUACIÓN EN LOS DOS LADOS. NO AJUSTABLE

AMORTIGUACIÓN POSTERIOR. NO AJUSTABLE

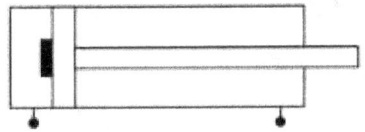

AMORTIGUACIÓN EN AMBOS LADOS. AJUSTABLE

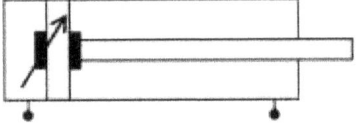

AMORTIGUACIÓN POSTERIOR. AJUSTABLE

CILINDROS DE DOBLE EFECTO Y DOBLE VÁSTAGO

En este tipo de cilindros, el vástago sobresale por el lado posterior ofreciendo una función extra. Este cilindro también es de doble efecto ya que tiene entrada de aire para el vástago izquierdo y el derecho.

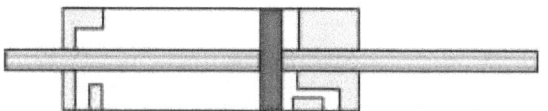

CILINDRO DE DOBLE VÁSTAGO SIN AMORTIGUACIÓN

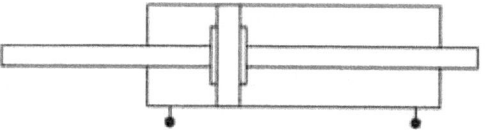

CILINDRO DE DOBLE VÁSTAGO CON AMORTIGUACIÓN

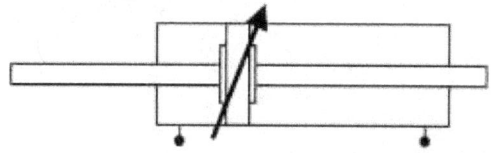

DOBLE CILINDRO DE DOBLE EFECTO CON VÁSTAGOS UNIDOS POR UN YUGO

Con este tipo de configuración, se obtiene el doble de fuerza y gran estabilidad al momento de desplazar piezas o conjunto de piezas ya que al estar unidos los dos vástagos puede soportar alta fuerza de empuje sin deformarse.

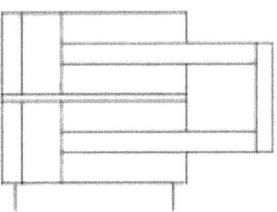

DOBLE CILINDRO DE DOBLE EFECTO CON VÁSTAGOS DOBLES UNIDOS POR YUGOS

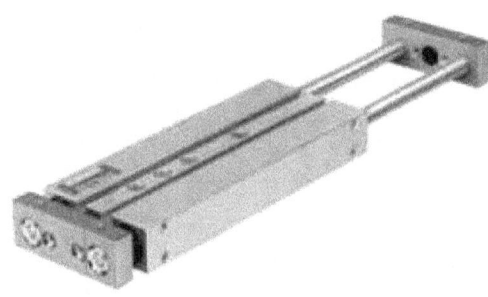

Este tipo de cilindro doble tiene dos émbolos colocados uno al lado del otro y están unidos por una pieza de metal llamado "yugo". Este diseño permite tener una doble función en un sistema de empuje evitando así colocar más cilindros. También soporta mas fuerza que los cilindros simples.

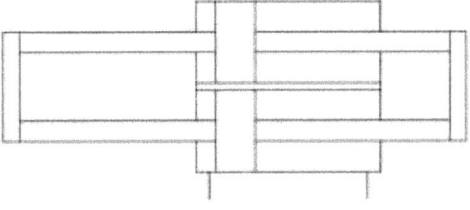

ACTUADOR LINEAL SIN VÁSTAGO

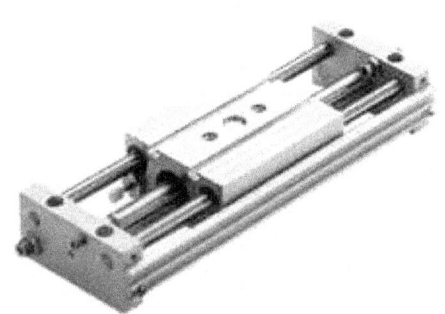

La corredera central es arrastrada de forma mecánica o magnética al suministrarle aire por alguno de las conexiones que tiene en cada extremo. Este tipo de cilindros pueden tener una carrera corta o larga, puede ser fabricados de forma especial para alcanzar carreras muy largas de hasta 40 metros.

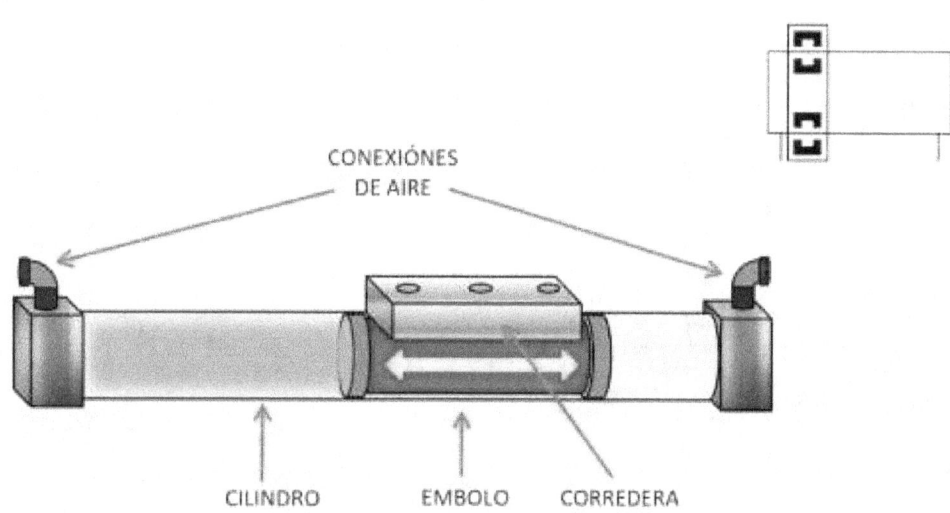

CONEXIÓNES DE AIRE

CILINDRO   EMBOLO   CORREDERA

ACTUADOR GIRATORIO

Estos actuadores tienen un sistema mecánico interno que permite hacer girar un eje central al serle suministrado aire a presión. Son de gran utilidad cuando es necesario rotar piezas pequeñas o de gran tamaño.

Existen diferentes tipos de actuador giratorio que serán utilizados de acuerdo a las necesidades del sistema.   Algunos de ellos son:

ACTUADOR DRQ

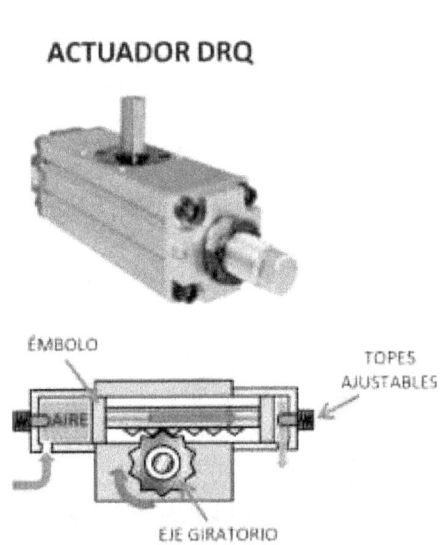

El aire presurizado empuja el émbolo hacia la izquierda o a la derecha y el vástago dentado hace girar el eje central.

Se pueden obtener giros desde 90° hasta 360° gracias a los topes ajustables.

ACTUADOR DSM

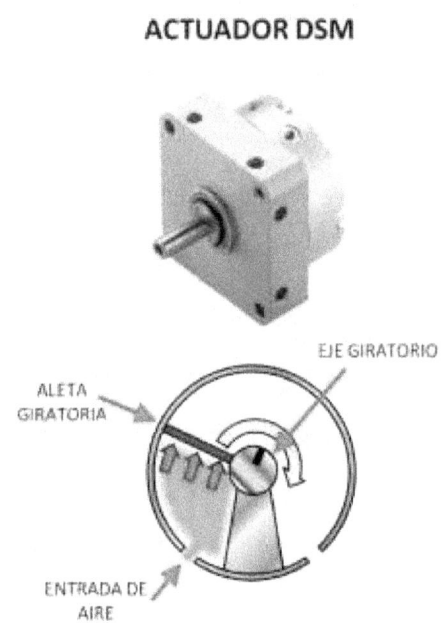

Este actuador tiene en su interior una aleta unida al eje giratorio, cuando se le suministra aire, la presión empuja la aleta moviéndola hacia el lado contrario girando el eje central.
Pueden lograr giros de hasta 270°

MOTOR NEUMÁTICO

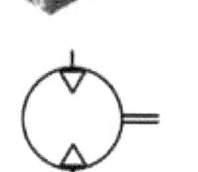

El motor neumático transforma la presión del aire en movimiento de rotación continuo. Dentro contiene unas paletas que son impulsadas por la presión del aire hacia una salida provocando que gire el eje central logrando así un trabajo. Pueden alcanzar una velocidad de giro desde 3000 RPM hasta mas de 20,000 RPM.

Se clasifican en motores de paletas, émbolos, engranajes y turbinas.

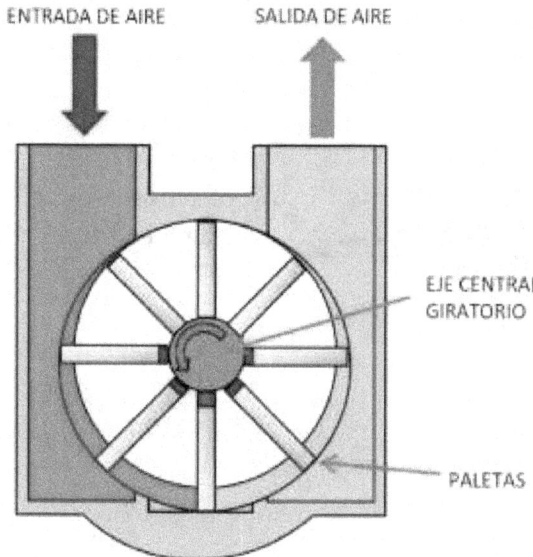

ENTRADA DE AIRE   SALIDA DE AIRE

EJE CENTRAL GIRATORIO

PALETAS

CILINDRO MULTIPOSICIONAL

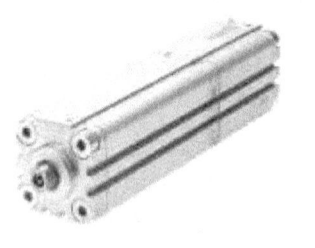

Este actuador tiene la cualidad de obtener diferentes distancias de carrera, muy útil cuando se requiera en operaciones especiales. Consta de dos cilindros unidos internamente y vástagos independientes, uno mas grande que el otro.

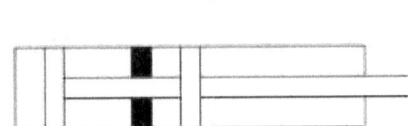

Puede tener tres o más entradas de aire dependiendo del diseño y cantidad de posiciones del cilindro. En el siguiente ejemplo el cilindro tiene 3 posiciones.

Posición 0

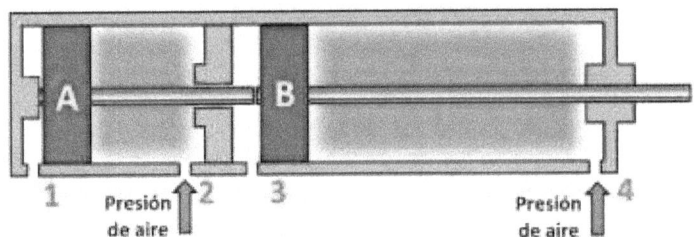

La posición cero es la posición inicial, la presión entra por las conexiones 2 y 4 manteniendo al vástago **B** en la posición mas corta.

Posición 1

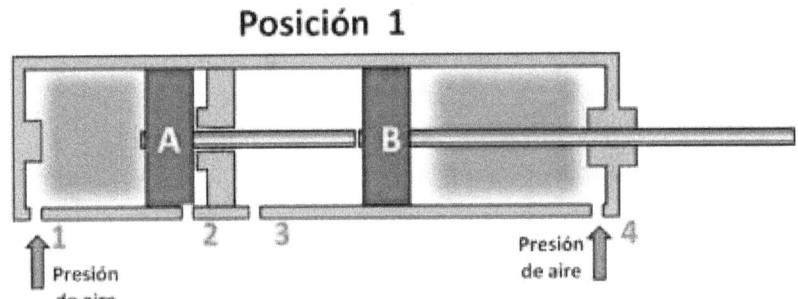

En la posición uno, la presión entra por las conexiones 1 y 4, el vástago **A** mantiene al **B** hasta una posición media.
La presión en la entrada 4 evita que el vástago avance más.

Posición 2

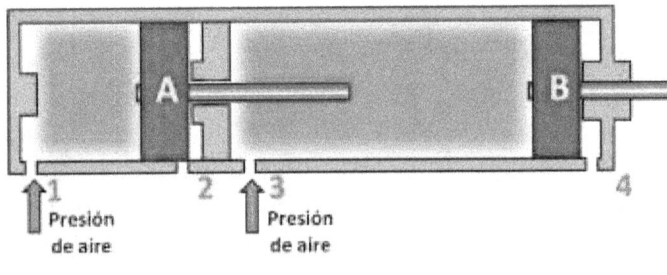

La posición 2, tiene la carrera más larga. El aire entra por la entrada 3 permitiendo al vástago **B** avanzar completamente.

CILINDRO DE IMPACTO

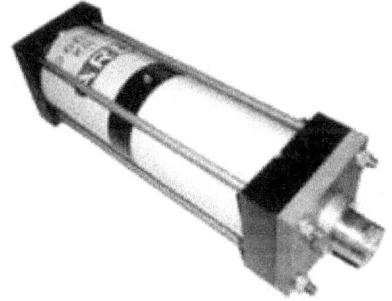

Este cilindro es utilizado cuando se necesita una gran fuerza de trabajo, ya sea para remachar, prensar o impactar algún material sólido.

Estos actuadores generan una fuerza 7 veces mayor que los cilindros convencionales, tienen una carrera corta entre 20mm y 100mm y pueden generar una fuerza de impacto de hasta 2000kg o aún más dependiendo del diseño.

CILINDRO TANDEM

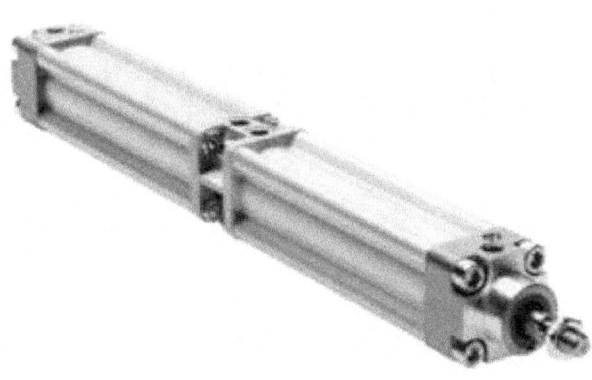

Son dos cilindros unidos en serie, configurado así para generar mayor fuerza sin la necesidad de fabricar cilindros de mayor diámetro. Pueden unirse mediante un conector parecido a un cople. El funcionamiento es muy básico, el vástago anterior empuja al posterior y la fuerza se duplica. Nos recuerda cuando conectábamos pilas en serie para aumentar el voltaje

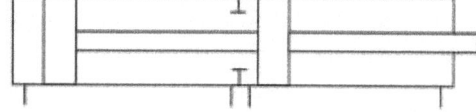

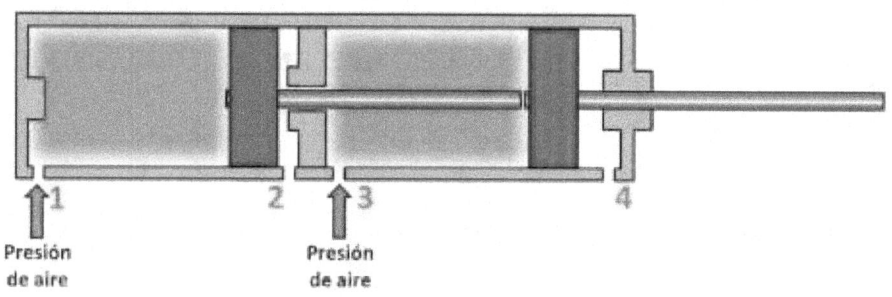

1
Presión
de aire

2

3
Presión
de aire

4

SIMBOLOGÍA
CILINDROS ACTUADORES

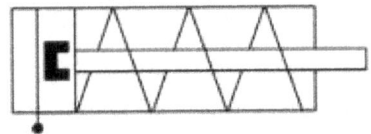

CILINDRO DE SIMPLE EFECTO

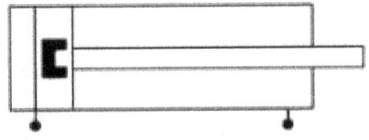

CILINDRO DE DOBLE EFECTO

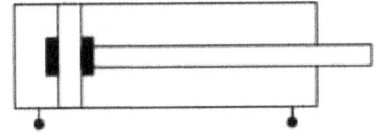

CILINDRO DE DOBLE EFECTO CON AMORTIGUACIÓN INTERNA

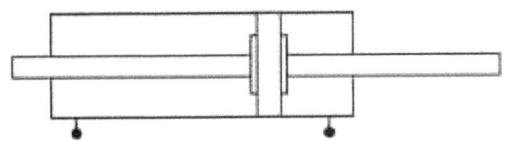

CILINDRO DE DOBLE EFECTO Y DOBLE VÁSTAGO

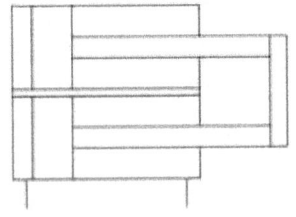

DOBLE CILINDRO DE DOBLE EFECTO CON VÁSTAGOS UNIDOS POR UN YUGO

SIMBOLOGÍA
CILINDROS ACTUADORES

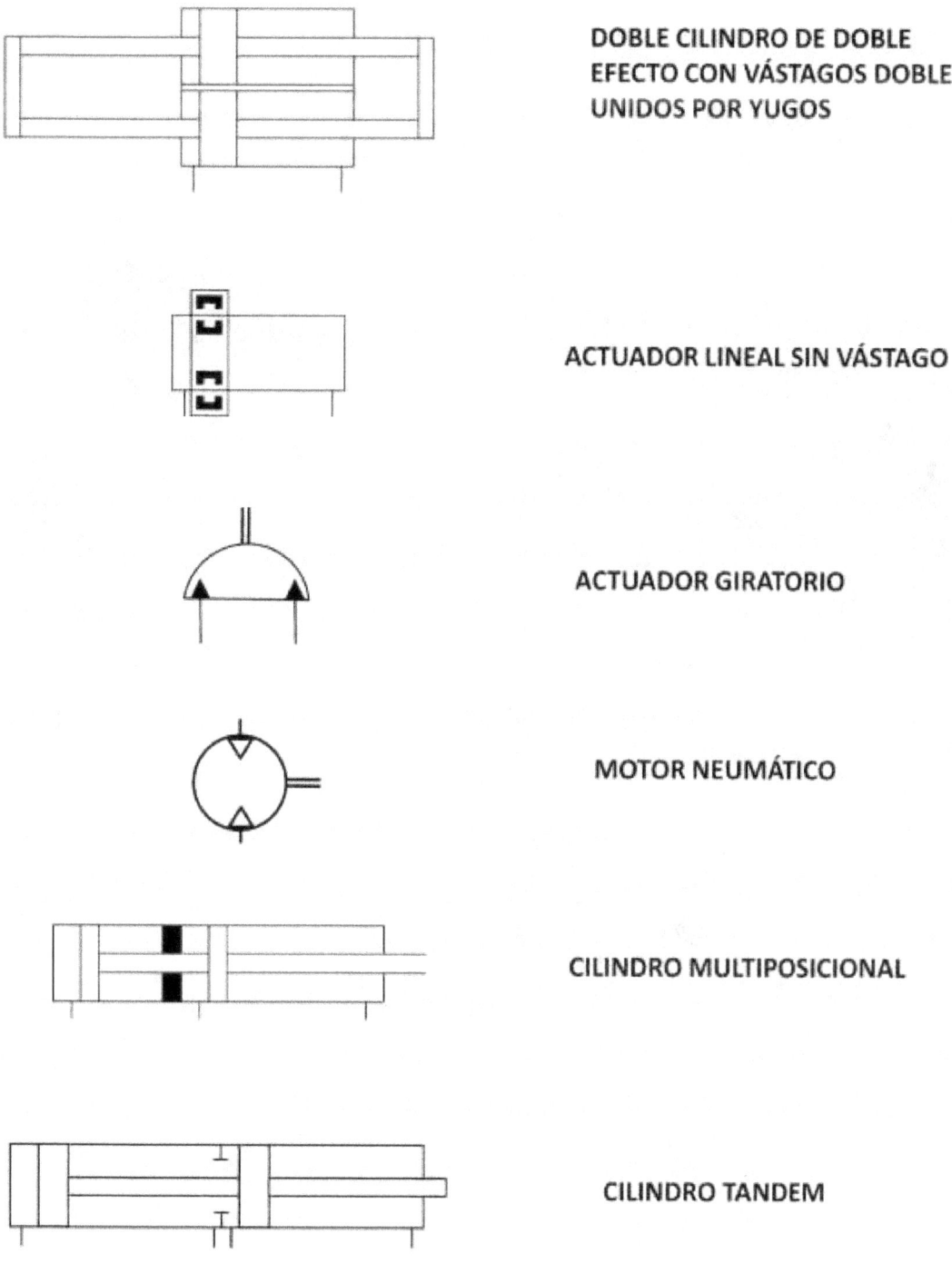

DOBLE CILINDRO DE DOBLE EFECTO CON VÁSTAGOS DOBLES UNIDOS POR YUGOS

ACTUADOR LINEAL SIN VÁSTAGO

ACTUADOR GIRATORIO

MOTOR NEUMÁTICO

CILINDRO MULTIPOSICIONAL

CILINDRO TANDEM

Capitulo 6

VÁLVULAS NEUMÁTICAS

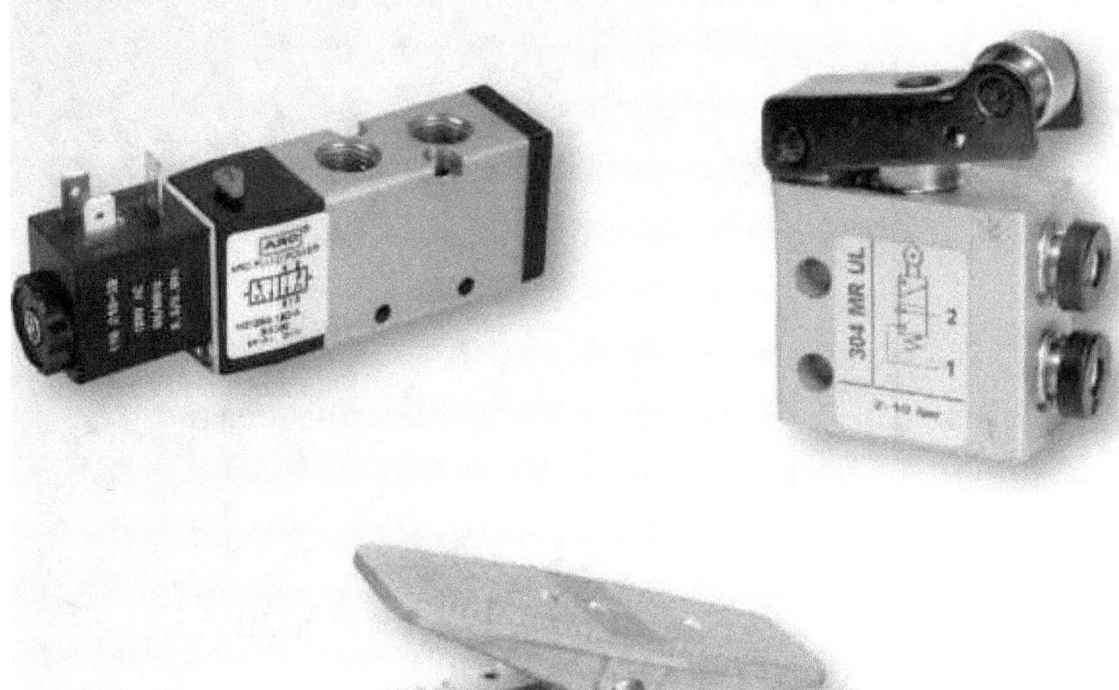

VÁLVULAS NEUMÁTICAS

Las válvulas neumáticas son el control que permite el paso de aire comprimido hacia el cilindro para que este pueda ejercer el trabajo, en otras palabras, es como el interruptor que activa al cilindro.

Son indispensables al trabajar con cilindros ya que sin ellos no podríamos poner en funcionamiento a los cilindros. Existen diferentes tipos de válvulas con funciones especificas que utilizaremos según el tipo de cilindro o la función que queramos que realice.

Son de accionamiento manual, eléctricos, electrónicos, neumáticos y computarizados.

Las válvulas se clasifican por la cantidad de vías y posiciones que tenga.
Ahora veremos como funcionan y como identificarlas.

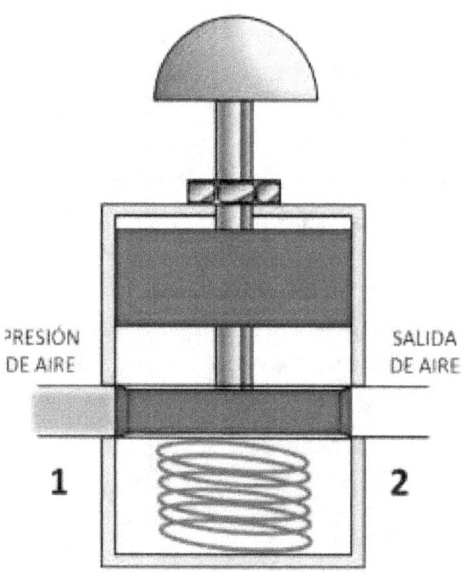

PRESIÓN DE AIRE

SALIDA DE AIRE

1

2

VÁLVULA 2/2

Las válvulas permiten el paso de aire cuando son desplazados los "tapones" que bloquean el paso del aire hacia el cilindro. En otras palabras, al presionarse un botón, se desbloquean los conductos de aire y puede circular libremente. Un resorte o muelle regresa al botón a su estado inicial.

En la figura de la izquierda se muestra una válvula sin presionar, en una posición normalmente cerrada, identificado como (NC) y que al presionarse permitirá el paso del aire del punto **1** al punto **2**. Se dice que tiene dos posiciones; la de "ON" y la de "OFF" y dos vías; el punto **1** y el punto **2**.
Por lo tanto se conoce como válvula 2/2 (dos vías, dos posiciones)

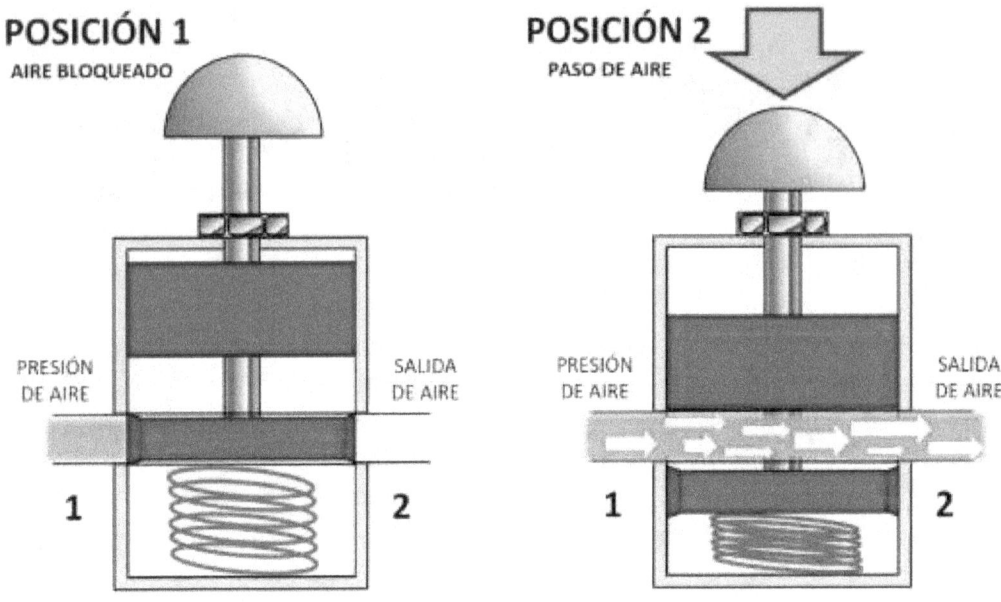

POSICIÓN 1
AIRE BLOQUEADO

PRESIÓN DE AIRE

SALIDA DE AIRE

1   2

POSICIÓN 2
PASO DE AIRE

PRESIÓN DE AIRE

SALIDA DE AIRE

1   2

La válvula del ejemplo de arriba se simboliza así:

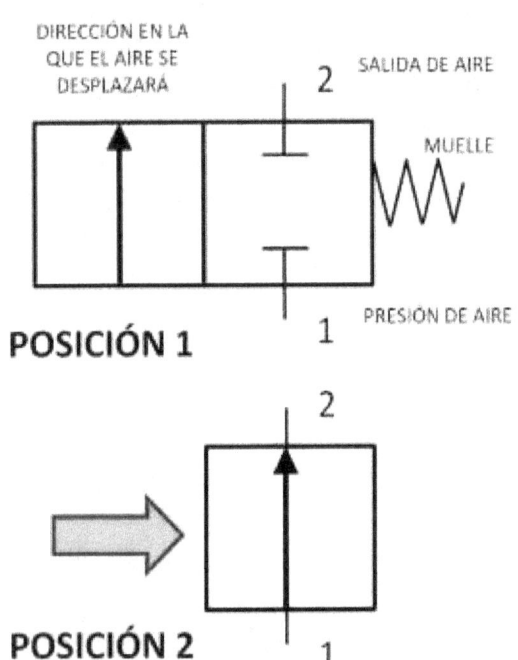

DIRECCIÓN EN LA QUE EL AIRE SE DESPLAZARÁ

SALIDA DE AIRE

2

MUELLE

1

PRESIÓN DE AIRE

POSICIÓN 1

2

1

POSICIÓN 2

Cuando la válvula se presiona, el cuadro que tiene la flecha se desplaza hacia los puntos 1 y 2 formando como un "puente" que representa el paso del aire a través de las dos vías. El número **1** siempre significará la entrada de aire y el número **2** la salida del aire hacia el cilindro o cualquier dispositivo neumático.

El muelle o resorte es lo que hace que la válvula regrese a su posición original y está representada en el símbolo del lado derecho como una línea en zigzag.

LAS POSICIONES

Como mencioné al principio, las válvulas se clasifican según las posiciones que tenga. Las más comunes son válvulas que tienen hasta 3 posiciones.
Cuando vemos la simbología de las válvulas parecerá algo complicado pero trataré de explicarlo lo más simple posible.

Abajo se muestran las posiciones de las válvulas y como notamos, los cuadros de los lados se desplazan siempre hacia el centro, esto porque los cuadros de los lados son los "botones" y el cuadro del centro que no se mueve contiene las vías de aire bloqueados o desbloqueados.

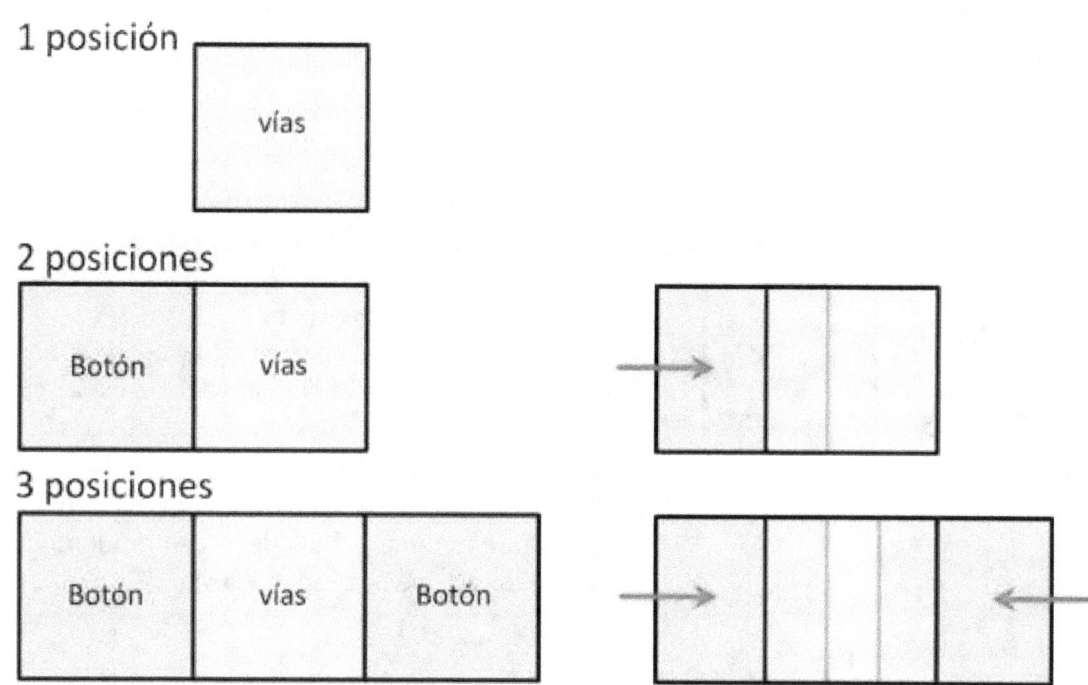

LAS VÍAS

Las vías son los conductos por donde pasará el aire a presión ya sea para dirigirlo hacia el cilindro u otro componente neumático. Las vías se describen en el cuadro azul del símbolo.

Las válvulas pueden contener hasta 8 vías pero lo más común es que tengan desde 2 hasta 5 vías. En la simbología se enumeran la cantidad de vías de la válvula por ejemplo: 1 y 2.

Cuando se activa una válvula, todas las conexiones del cuadro izquierdo sustituyen al derecho modificando así los flujos de aire.

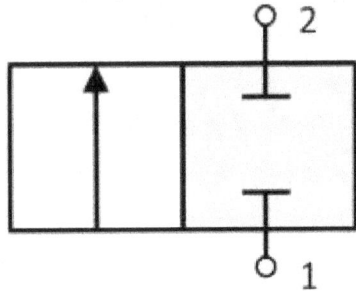

Válvula (2/2) 2 vías 2 posiciones

Válvula (3/2) 3 vías 2 posiciones

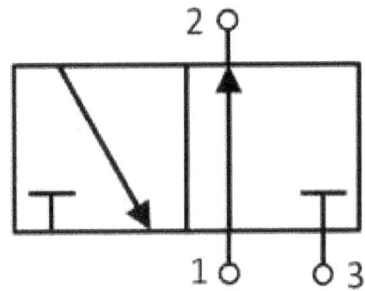

En este caso cuando se activa la válvula, se interrumpe el flujo de aire que hay entre la vía número **1** y **2**, y ahora el flujo va de la vía **2** a la **3**.

Cuando una conexión no sobresale por fuera del cuadro significa que es un bloqueo de aire o un tapón que detiene el flujo de aire, por ejemplo, al activar la válvula se bloquea la vía **1**.

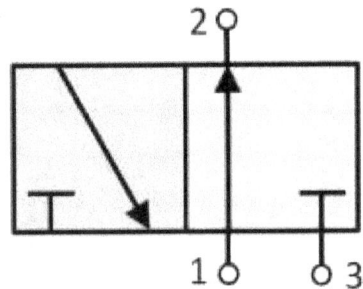

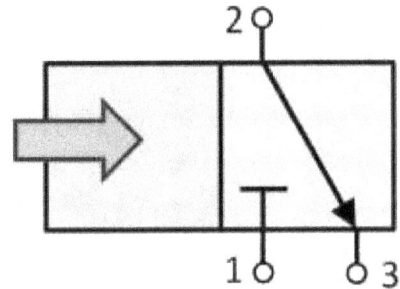

INTERPRETACIÓN DE LOS SÍMBOLOS

Aquí se muestran algunas simbologías de válvulas y su representación física para darnos cuenta de cómo se mantiene el aire antes de ser presionado el botón de accionamiento.

Cabe recalcar que en la conexión 1 siempre existirá aire a presión y la conexión 2 siempre va al cilindro. 3 y 5 se usan como escape de aire.

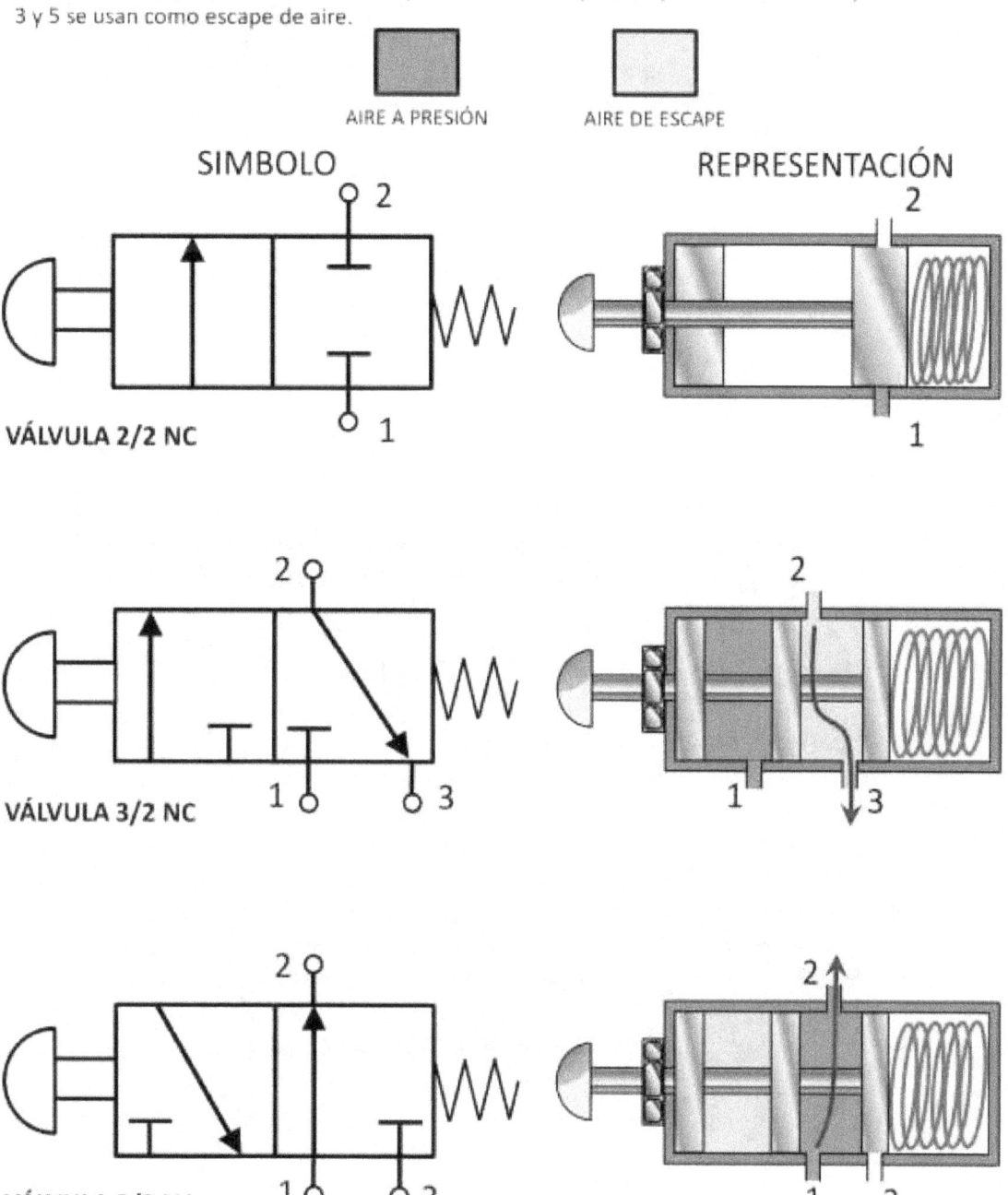

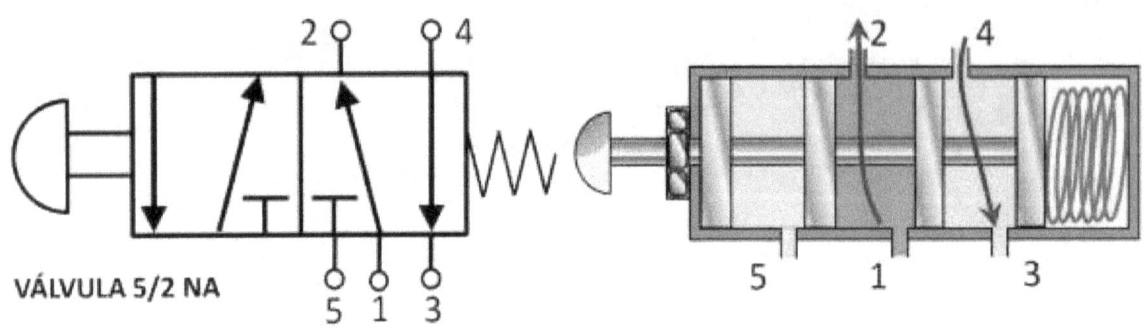

VÁLVULA 5/2 NA

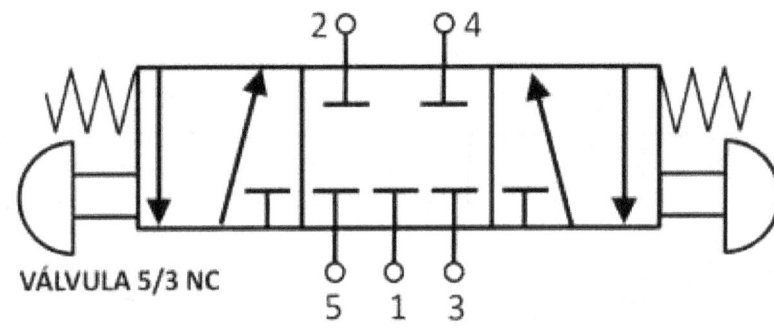

VÁLVULA 5/3 NC

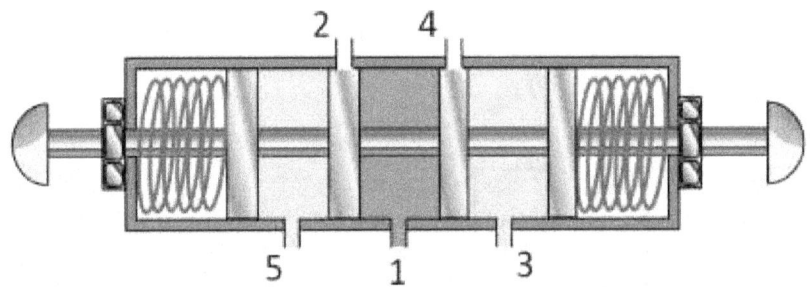

Una válvula de dos posiciones es aquella que tiene solo dos cuadros, el izquierdo que tiene el accionador y el derecho que tiene las vías.

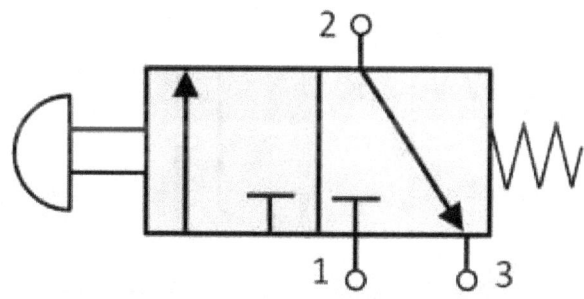

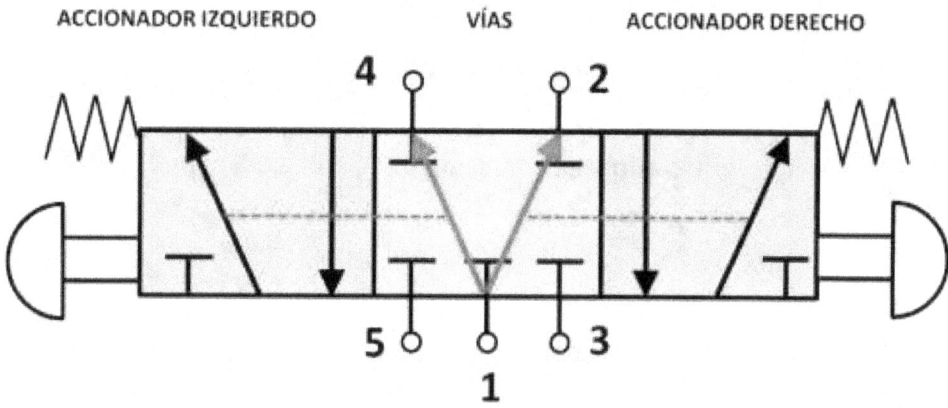

Esta es una válvula de 5 vías 3 posiciones (5/3) con accionamiento manual y retorno por muelle, Normalmente cerrada (NA) (mas adelante explicare esto)

Al igual que las otras válvulas, la manguera de aire a presión se conecta en la vía **1** y cuando se presiona el botón de accionamiento se unirá con la vía **4** o la vía **2** según se active el accionador izquierdo o el derecho de la válvula.
Se muestra el desplazamiento y posición final en color rosa.

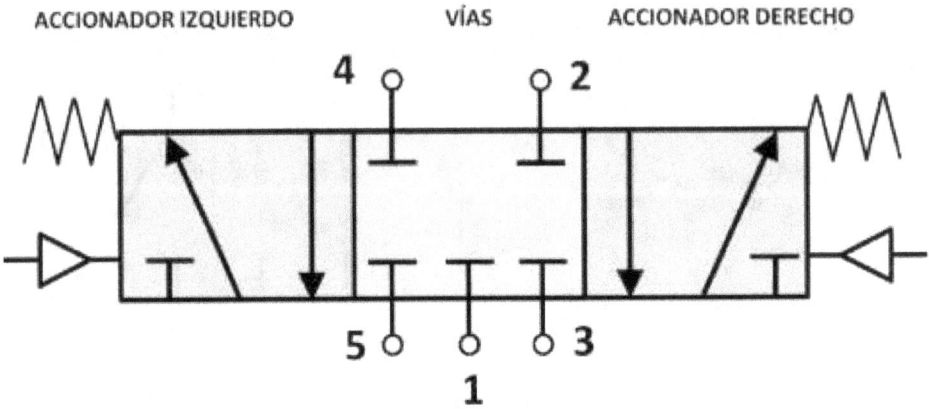

ACCIONADOR IZQUIERDO   VÍAS   ACCIONADOR DERECHO

Las vías **4** y **2** van al cilindro, las vías **5** y **3** son escapes de aire, y la vía **1** es la entrada de aire de alimentación.

El accionador izquierdo se activa de forma neumática
y regresa a su posición original por medio de un muelle (resorte)
El accionador derecho se activa de la misma forma.

Cuando una válvula se activa de forma neumática significa que tiene un mecanismo que activa la válvula al serle suministrado aire a presión. Es muy útil cuando se desea un sistema controlado electrónicamente.

POSICION ORIGINAL

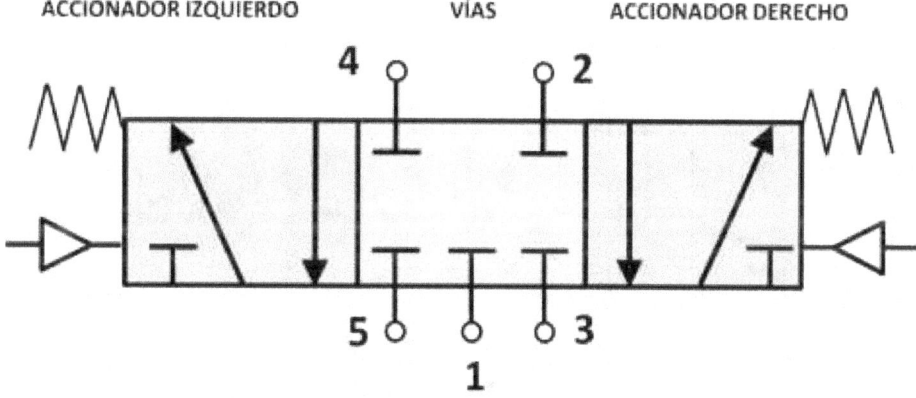

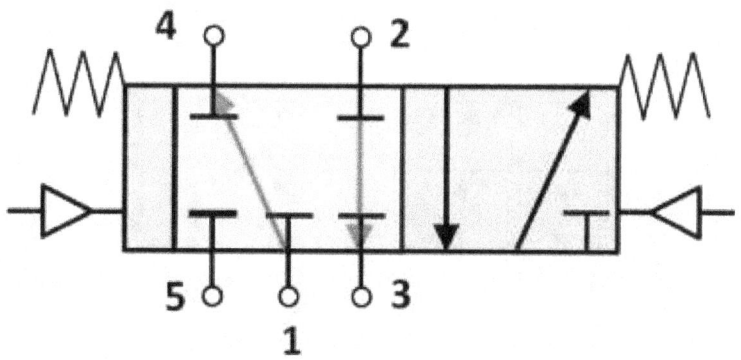

Al activarse el accionador izquierdo, se unen las vías **1** y **4**, permitiendo el paso de aire, y las vías **2** y **3** permitiendo el escape de aire proveniente del cilindro

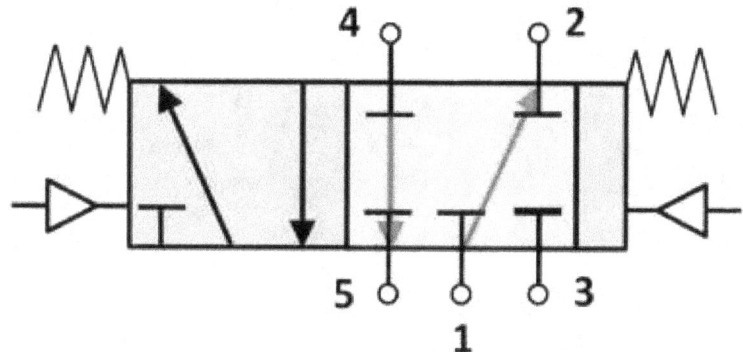

Al activarse el accionador derecho, se unen las vías **1** y **2**, permitiendo el paso de aire, y las vías **4** y **5** permitiendo el escape de aire proveniente del cilindro de doble efecto

OTROS TIPOS DE VÁLVULAS

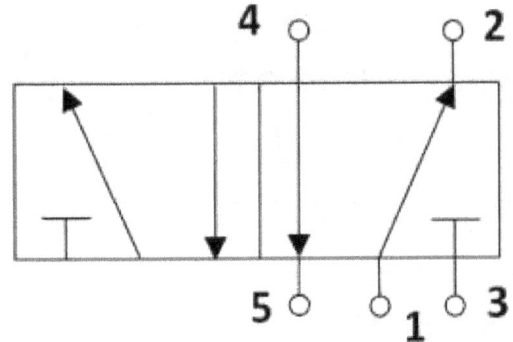

VÁLVULA 5/2 NC

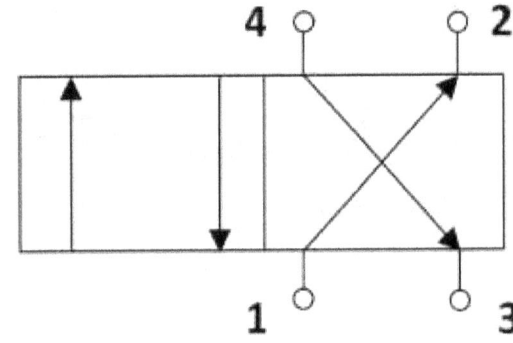

VÁLVULA 4/2

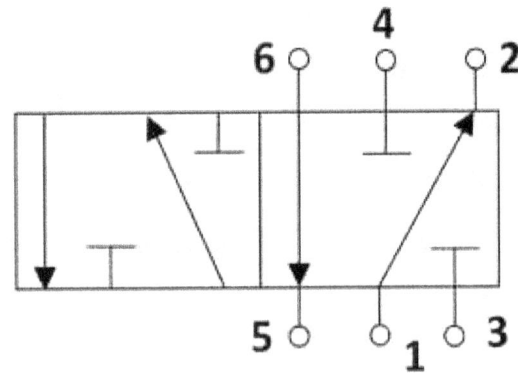

VÁLVULA 6/2

EL TIPO DE ACCIONAMIENTO

Las válvulas tienen distintas formas de accionarse; mecánicamente, neumática o de forma electromagnética.

La primera, la forma mecánica es la que se conoce comúnmente como forma manual, o sea la de presionar un botón y que se active la válvula. Otras formas mecánicas son la de un pulsador con un retenedor que mantiene pulsado el botón para mantener el flujo continuo de aire y otro es un rodillo que sirve como sensor de proximidad de un cilindro u objeto.

VALVULAS DE ACCIONAMIENTO MECÁNICO

ACCIONAMIENTO POR PULSADOR

 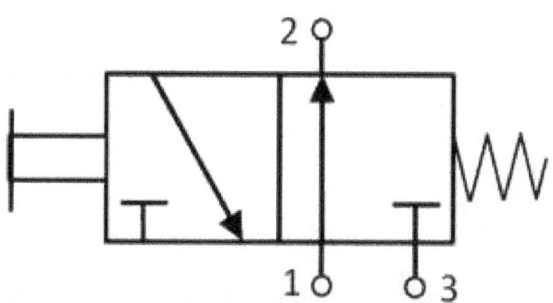

Las válvulas que tengan un botón pulsador se representará en el lado izquierdo del símbolo.
Y como su nombre lo indica, un pulsador es aquel interruptor que necesita ser accionado de forma manual.

ACCIONAMIENTO POR PULSADOR CON ENCLAVAMIENTO

Este tipo de accionamiento es similar al anterior solo que este tiene la cualidad de mantener presionado el botón aunque nosotros lo soltemos manteniendo así el flujo continuo de aire ya que tiene un retenedor que evita que el botón regrese. Al girar el botón este destraba la válvula y vuelve a desactivarse.

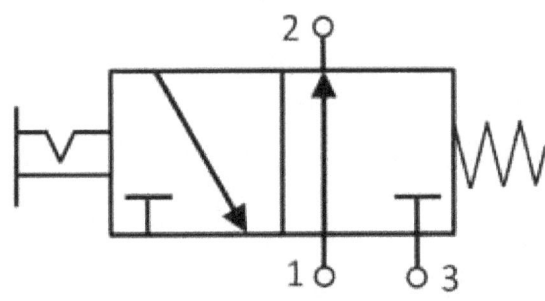

ACCIONAMIENTO CON PULSADOR TIPO HONGO O SETA

Esta válvula tiene un pulsador de mayor tamaño y está diseñado para pulsaciones continuas, usado comúnmente en la industria. El símbolo se diferencia por la forma del botón

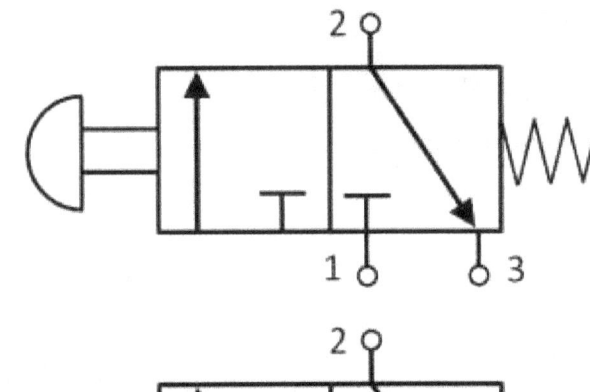

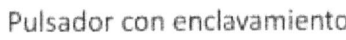

Pulsador con enclavamiento

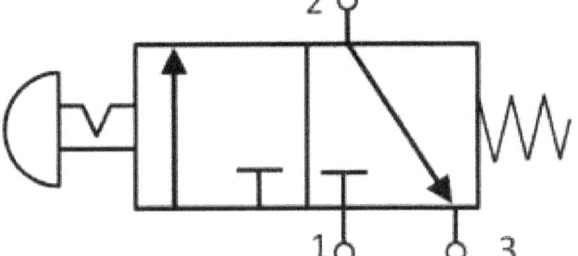

VÁLVULA DE PALANCA

Esta válvula se acciona por medio de una palanca manual y al igual que las anteriores también puede o no tener un enclavamiento que le permita sostener el flujo de aire

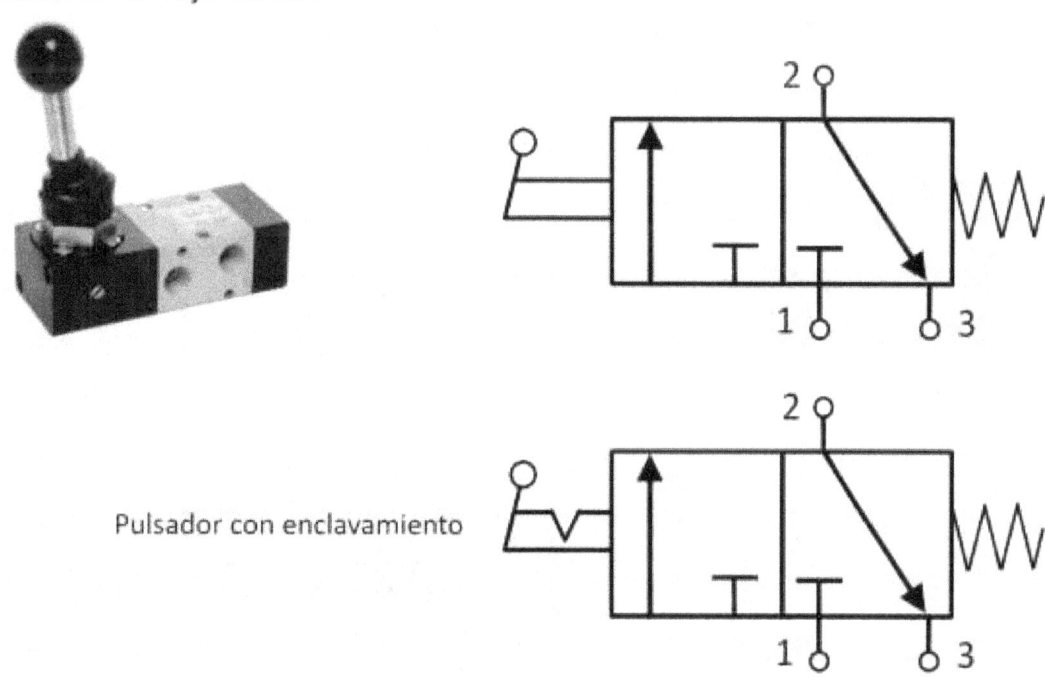

Pulsador con enclavamiento

VÁLVULA DE PEDAL

Esta válvula se acciona por medio del pie, utilizado en maquinas donde el operador ocupe las dos manos para trabajar.

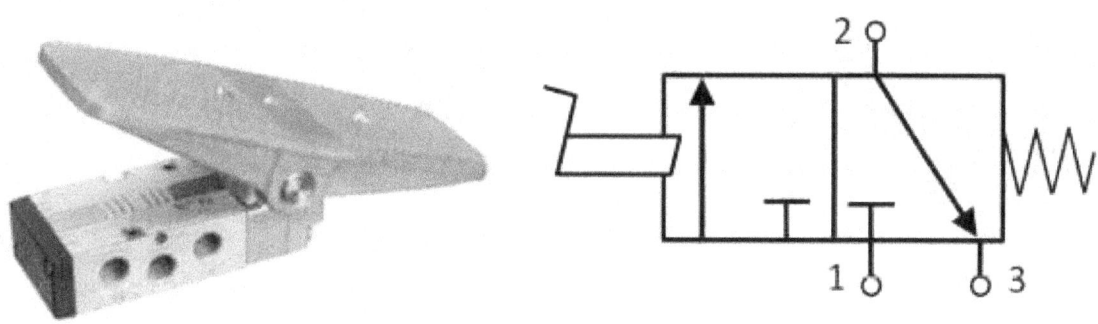

VÁLVULA DE RODILLO

Esta válvula se acciona por medio de un rodillo que al ser presionado por algún componente o dispositivo, este a su vez presiona otro que acciona la válvula permitiendo el paso de aire. Se utiliza como sensor de proximidad para indicar que se tiene que hacer otro movimiento al concluir uno.

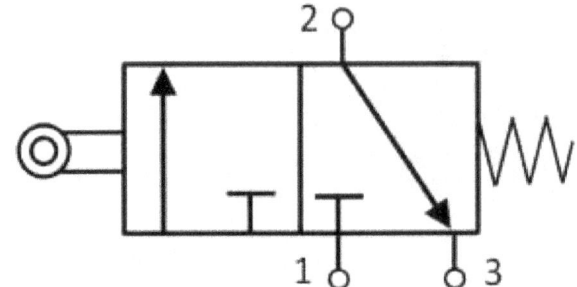

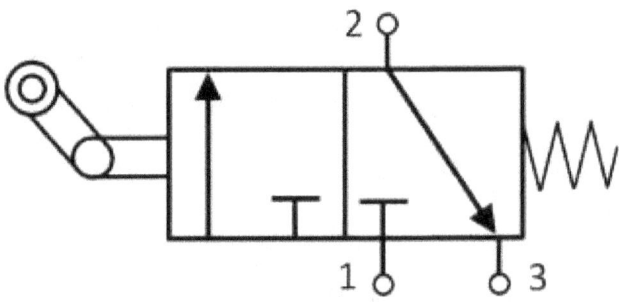

VÁLVULAS DE ACCIONAMIENTO NEUMÁTICO

Las válvulas de accionamiento neumático se activan al serle suministrado aire a presión de forma controlada. Se utilizan cuando son necesarias secuencias automatizadas en algún proceso industrial.

Este tipo de válvulas tienen en su interior un sistema mecánico llamado sistema de pilotaje que es la que acciona la válvula cuando se le proporciona airea presión, cuando se corta el flujo de aire, la válvula regresa a su estado original.

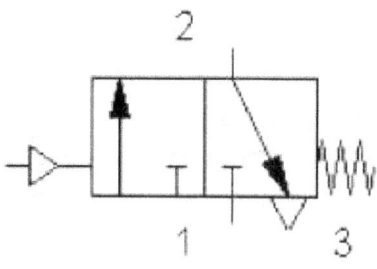

Las válvulas de accionamiento neumático tienen el mismo sistema de vías que los vistos anteriormente, lo único diferente es el tipo de accionamiento, que en este caso es por aire a presión.

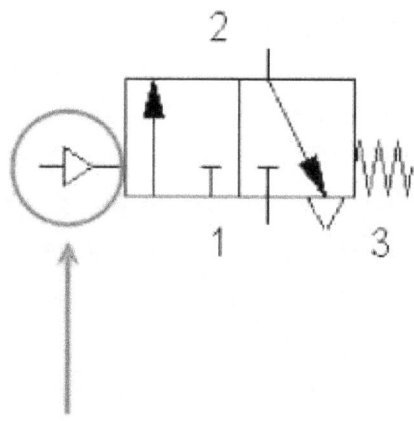

Este símbolo indica que la válvula es de accionamiento neumático

Las válvulas pueden utilizar cualquiera de los métodos de accionamiento que veremos en la siguiente página.

SIMBOLOGÍA
TIPOS DE ACCIONAMIENTO

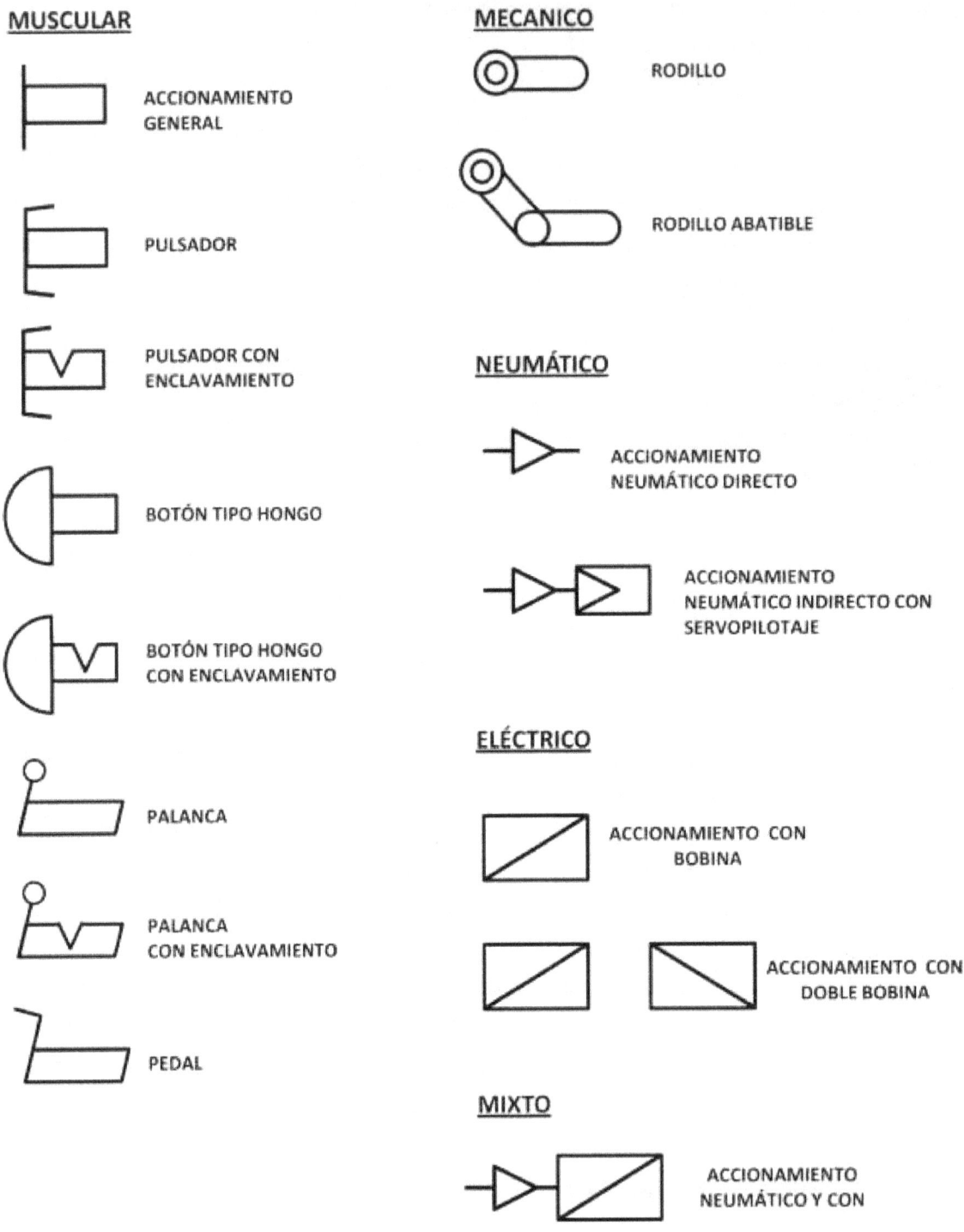

MUSCULAR

ACCIONAMIENTO GENERAL

PULSADOR

PULSADOR CON ENCLAVAMIENTO

BOTÓN TIPO HONGO

BOTÓN TIPO HONGO CON ENCLAVAMIENTO

PALANCA

PALANCA CON ENCLAVAMIENTO

PEDAL

MECANICO

RODILLO

RODILLO ABATIBLE

NEUMÁTICO

ACCIONAMIENTO NEUMÁTICO DIRECTO

ACCIONAMIENTO NEUMÁTICO INDIRECTO CON SERVOPILOTAJE

ELÉCTRICO

ACCIONAMIENTO CON BOBINA

ACCIONAMIENTO CON DOBLE BOBINA

MIXTO

ACCIONAMIENTO NEUMÁTICO Y CON

VÁLVULA NORMALMENTE ABIERTA (NA)
Y NORMALMENTE CERRADA (NC)

Las válvulas son diseñadas para tener sus vías siempre abiertas o siempre cerradas. Significa que cuando una válvula es normalmente cerrada tiene sus vías bloqueadas por lo tanto no circula aire y que al accionarla está abrirá sus vías provocando el flujo de aire y al desactivarla regresará a su estado original normalmente cerrada.

Cuando la válvula es normalmente abierta (NA), ocurre todo lo contrario; sus vías están siempre abiertas y por lo tanto existe un flujo continuo de aire hasta que se acciona la válvula para cerrar las vías.
También es posible que lo veamos escrito en ingles *"normally closed"* (NC) y *"normally open"* (NO)

Cuando una válvula es NA o NC será representado en el símbolo de la válvula y notaremos ciertas diferencias que explicaré a continuación:

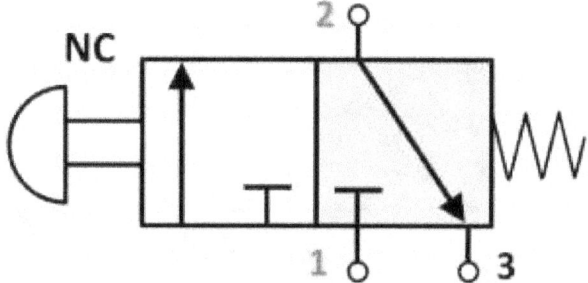

Esta válvula es **normalmente cerrada** (NC) porque no existe una unión entre las vías **1** y **2** y no hay flujo de aire.

Al accionar la válvula se unirán las vías **1** y **2** y permitirá el flujo de aire.

La vía **3** se usa para el escape de aire proveniente del cilindro y en ocasiones tiene un filtro silenciador.

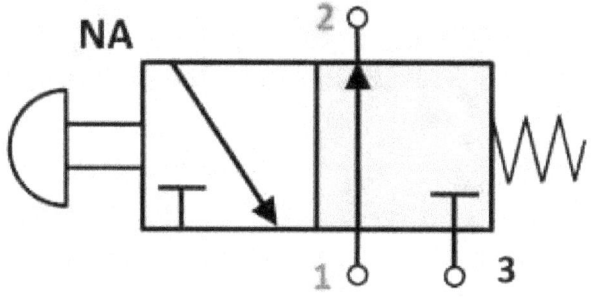

Esta válvula es **normalmente abierta** (NA) porque existe una unión entre las vías **1** y **2** y siempre hay flujo de aire.

Al accionar la válvula se interrumpirá el flujo de aire que hay en las vías **1** y **2**, y cortará la alimentación al cilindro.

Cuando examinemos físicamente una válvula podremos ver el símbolo de la válvula y así sabremos si es NA o NC.
En la imagen podemos ver que las vías 1 y 2 no están unidas por lo tanto se considera que es una válvula **normalmente cerrada**

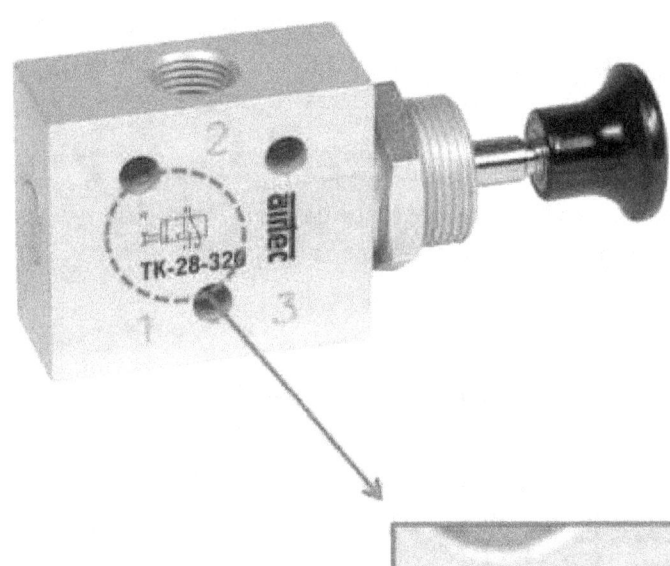

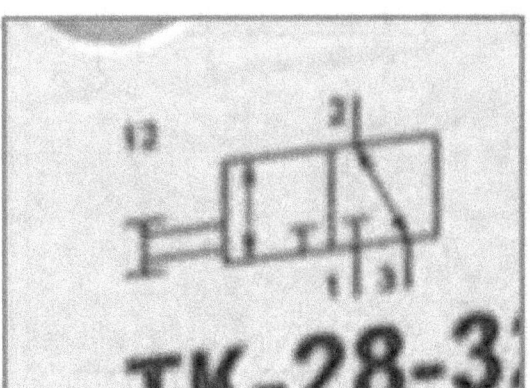

DIAGRAMA FÍSICO DE CONEXIÓN DE UN CILINDRO DE SIMPLE EFECTO CON UNA VÁLVULA 2/2 NC

En una conexión con una válvula normalmente cerrada (NC) el cilindro permanece en su estado de reposo, en este caso está retraído.

La línea **azul** representa la tubería plástica con la que se realizan las conexiones neumáticas conteniendo aire a presión.
La linea azul cielo no tiene aire a presión pues aún no se ha activado la válvula.

CILINDRO DE SIMPLE EFECTO CON
RETORNO POR MUELLE

VÁLVULA 2/2 NC

UNIDAD DE MANTENIMIENTO

FUENTE DE ALIMENTACION

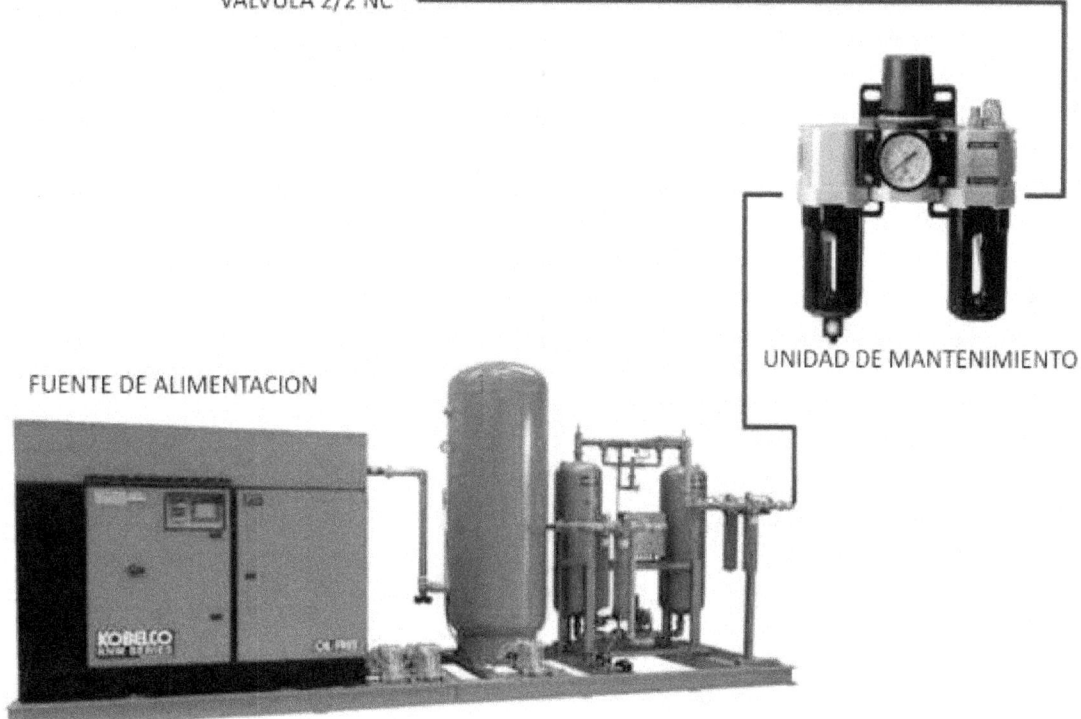

MISMO DIAGRAMA PERO CON SIMBOLOGÍA NEUMÁTICA

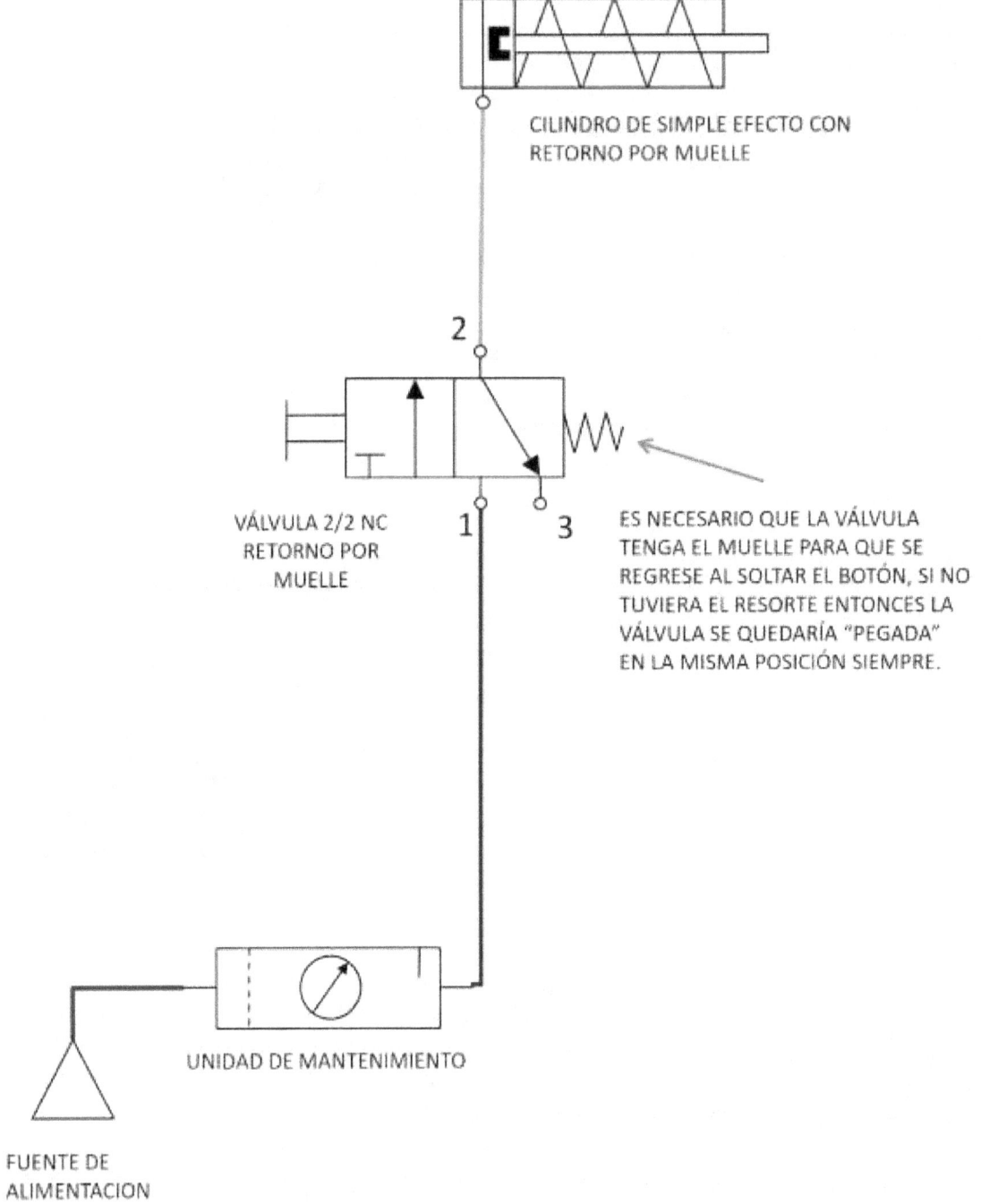

CILINDRO DE SIMPLE EFECTO CON
RETORNO POR MUELLE

2

VÁLVULA 2/2 NC
RETORNO POR
MUELLE

1   3

ES NECESARIO QUE LA VÁLVULA
TENGA EL MUELLE PARA QUE SE
REGRESE AL SOLTAR EL BOTÓN, SI NO
TUVIERA EL RESORTE ENTONCES LA
VÁLVULA SE QUEDARÍA "PEGADA"
EN LA MISMA POSICIÓN SIEMPRE.

UNIDAD DE MANTENIMIENTO

FUENTE DE
ALIMENTACION

En este caso estamos usando una válvula normalmente abierta, y podemos ver que el cilindro está siempre activo hasta que se presione el botón.

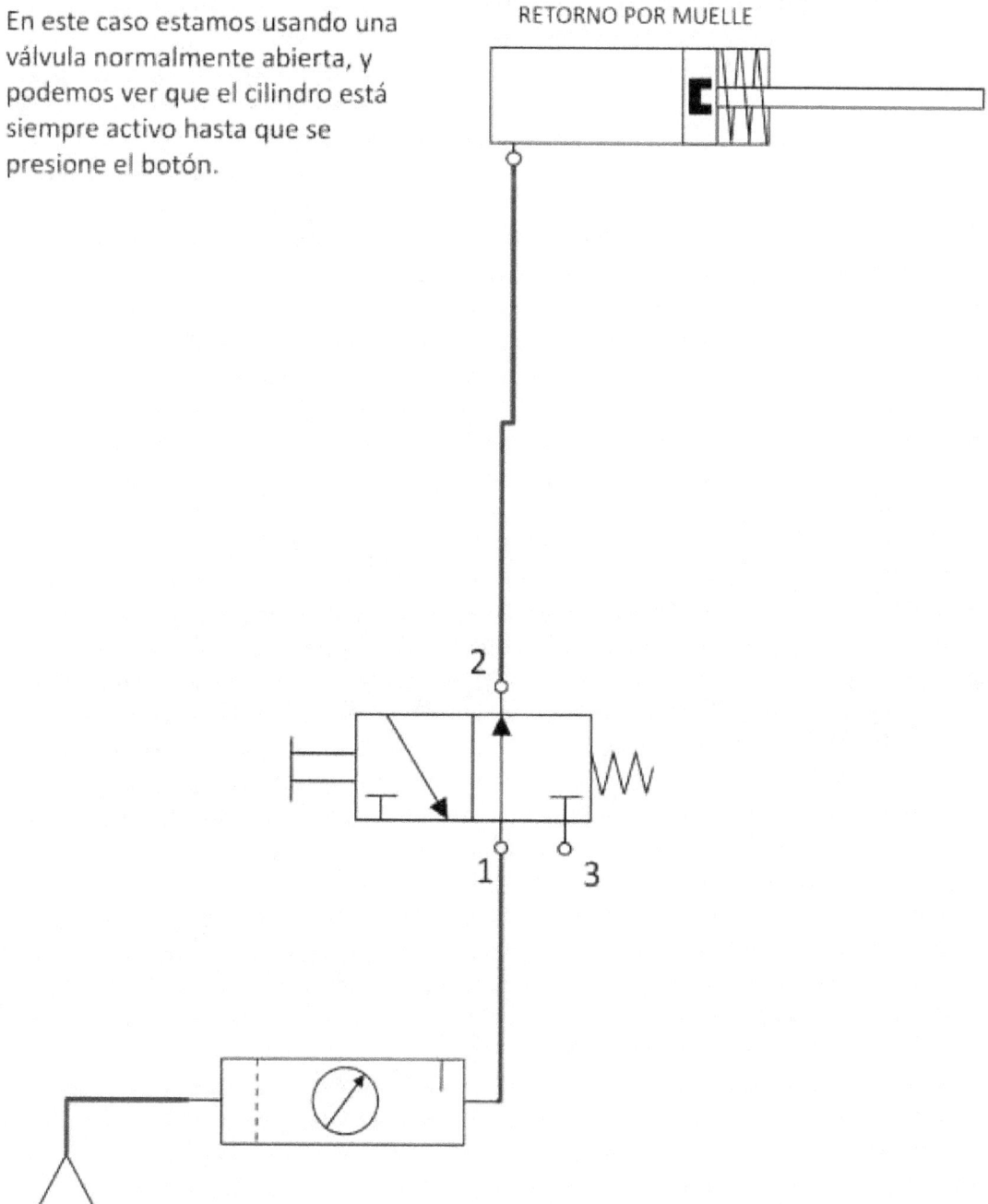

CILINDRO DE SIMPLE EFECTO CON RETORNO POR MUELLE

CONEXIÓN DE VÁLVULAS PARA CILINDROS DE DOBLE EFECTO

La conexión de válvulas para cilindros de doble efecto se realiza de manera diferente, ya que al no tener un muelle que lo regrese a su estado original será necesario una válvula 5/2 para que regrese el émbolo devuelta hacia atrás. Ahora veremos como:

CILINDRO DE DOBLE EFECTO

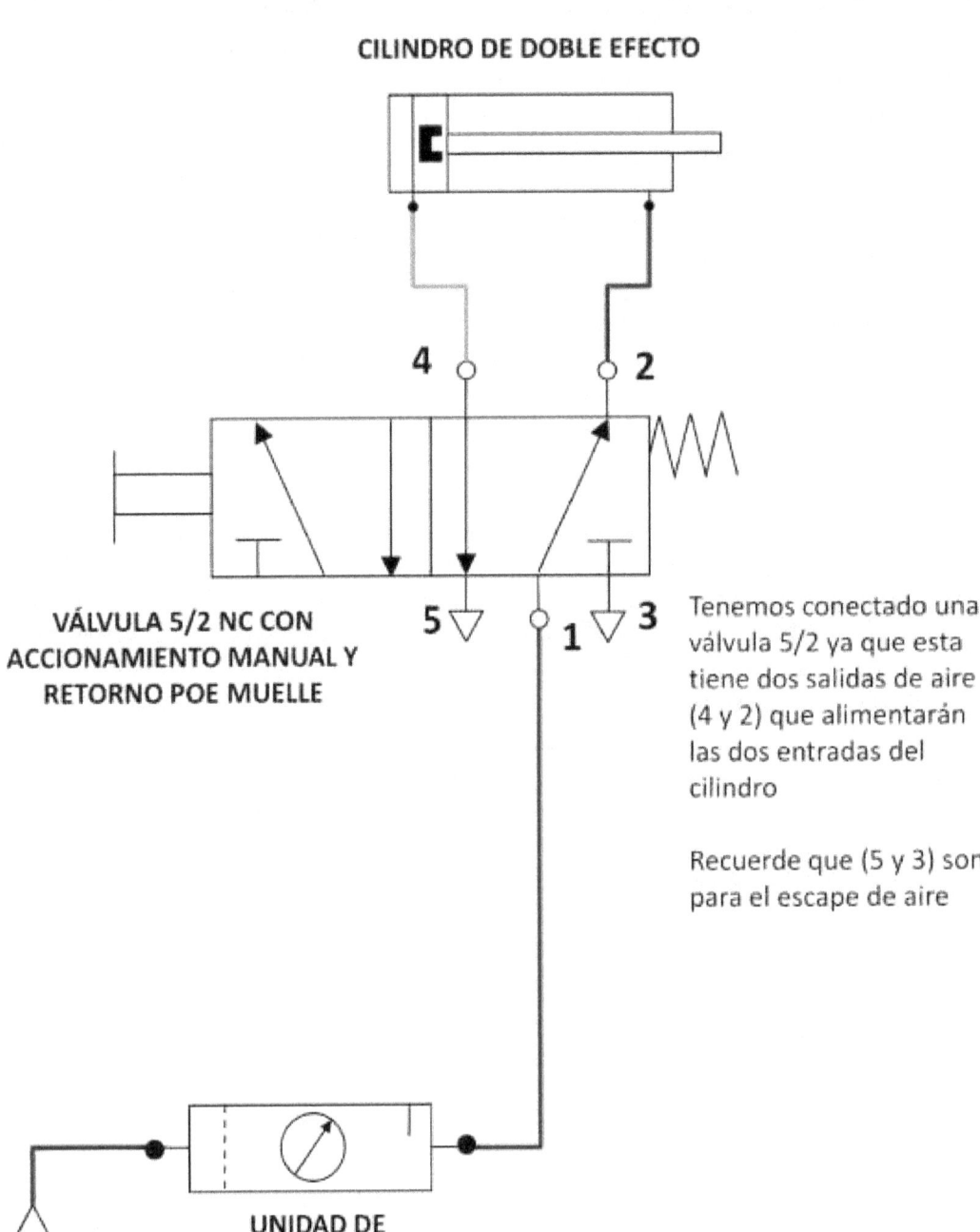

VÁLVULA 5/2 NC CON ACCIONAMIENTO MANUAL Y RETORNO POE MUELLE

Tenemos conectado una válvula 5/2 ya que esta tiene dos salidas de aire (4 y 2) que alimentarán las dos entradas del cilindro

Recuerde que (5 y 3) son para el escape de aire

UNIDAD DE MANTENIMIENTO

Otra forma mas eficiente de conectar un cilindro de doble efecto es conectando una válvula 5/2 y dos válvulas 3/2.

Con esta forma el cilindro avanza de forma mas certera, es decir, si presionamos una válvula 3/2 y la soltamos inmediatamente el cilindro de todas formas avanzará hasta el tope aunque hayamos soltado el botón.

Pondremos una válvula 3/2 para el avance y otra para el retroceso:

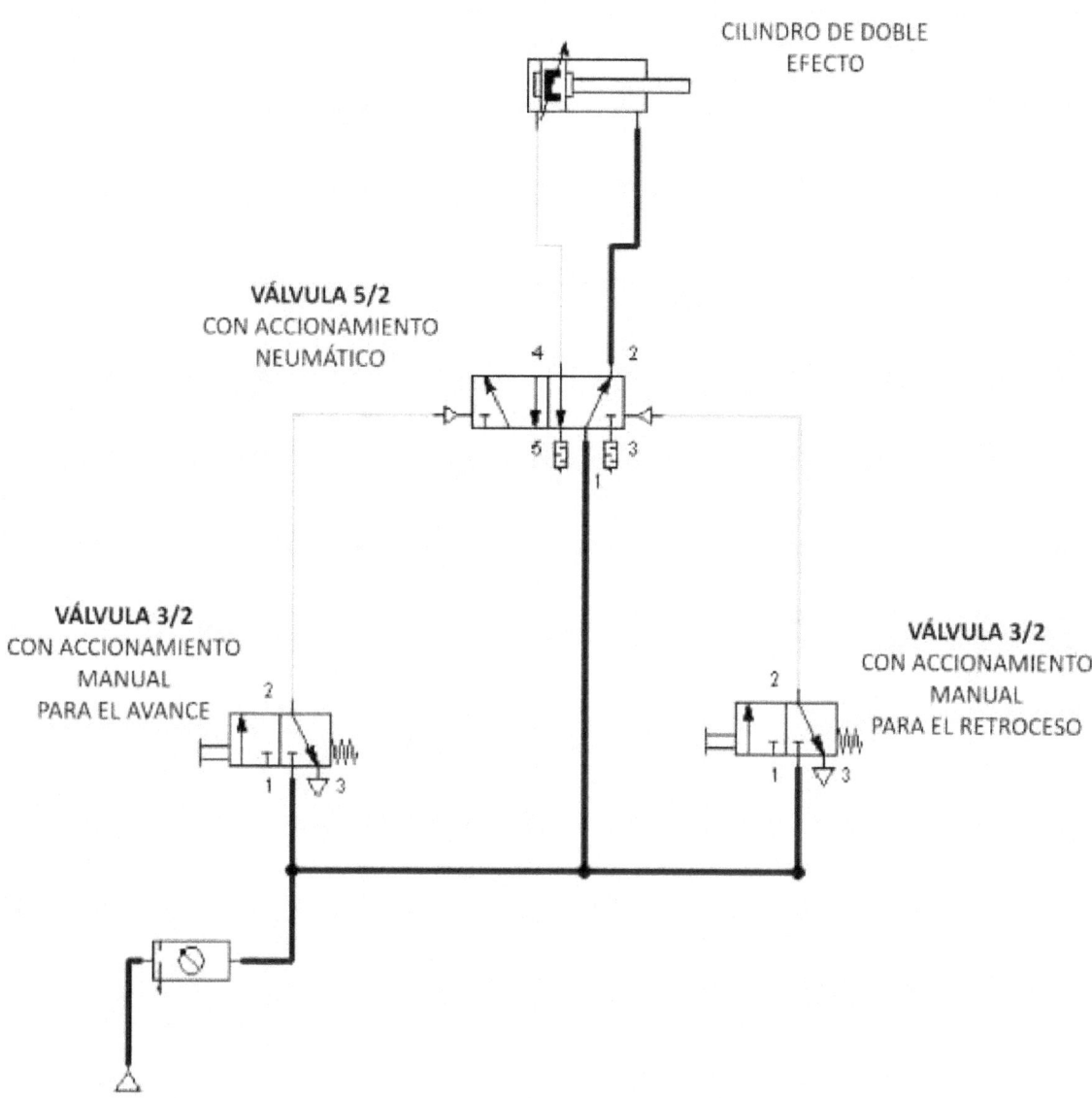

Ya pudimos ver como es que funcionan las válvulas y la necesidad de utilizarlas para poder controlar al cilindro. Pero esto es algo muy básico y en las siguientes páginas iré explicando como utilizar otro tipo de válvulas que permiten hacer conexiones más complejas donde podremos controlar dos o más cilindros y crear una secuencia infinita donde los actuadores trabajarán como un sistema automatizado.

Ahora pasaremos al siguiente tema donde veremos las válvulas de cierre y control de caudal.

Capitulo 7

VÁLVULAS DE CIERRE Y CONTROL DE CAUDAL

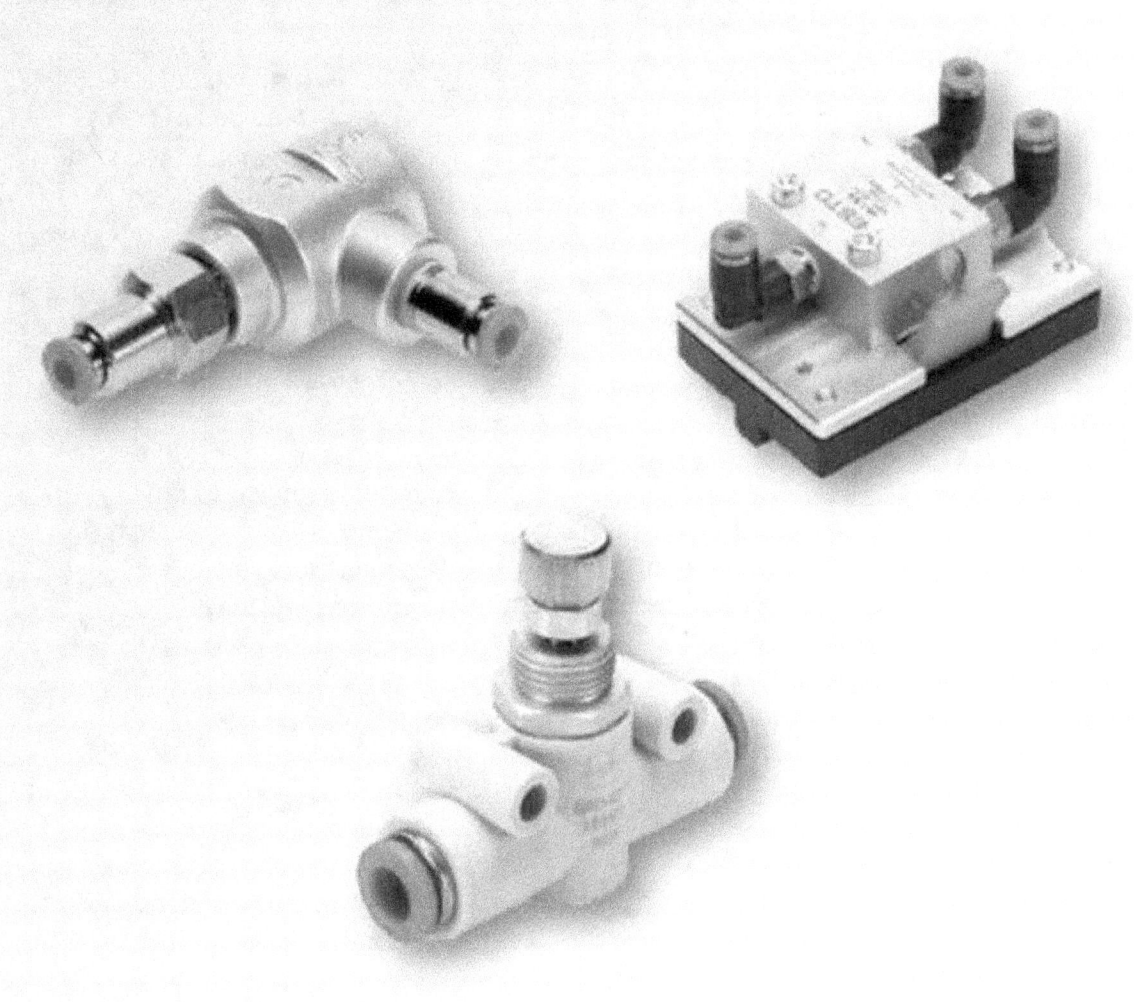

TIPOS DE VÁLVULAS DE CIERRE Y CAUDAL

Las válvulas de cierre y control de caudal nos permitirán controlar el flujo de aire para dirigirlo a uno o más cilindros en determinado tiempo y forma, con esto lograremos hacer sistemas neumáticos más complejos utilizando todo lo que hemos visto hasta ahora.

Primero veremos la descripción de las válvulas de control para irnos familiarizando con su funcionamiento y podamos aplicarlo con mayor facilidad.

VÁLVULA ESTRANGULADORA

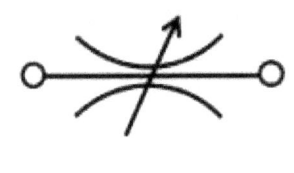

La válvula estranguladora es un reductor de flujo de aire. Su función es disminuir el caudal de aire que se dirige al cilindro para reducir la velocidad de avance del vástago. También puede ser usado en otros componentes. Puede ser regulador por medio del tornillo en la parte superior

TOBERA

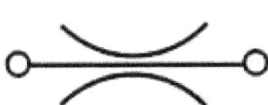

La tobera también es un resistencia de aire parecida a la estranguladora solo que esta no puede ser regulada

ORIFICIO

Su función es similar a las anteriores, reduce el flujo de aire por medio de un pequeño orificio por donde circula.

ORIFICIO AJUSTABLE

El orificio ajustable tiene un tornillo de ajuste para poder regular el caudal de aire.

VÁLVULA REGULADORA DE CAUDAL
UNIDIRECCIONAL

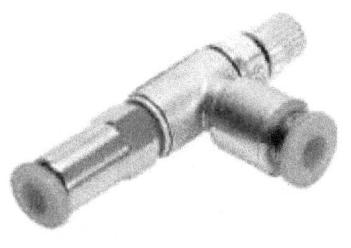
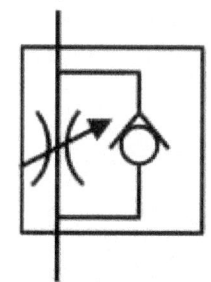

Este tipo de válvula puede regular el caudal y además permite el paso de aire en una sola dirección

VÁLVULA SELECTORA O (OR)

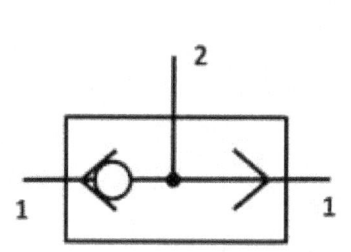

Esta válvula selectora llamada válvula "o" porque el aire puede entrar por un lado o por el otro hacia la vía número 2.
Se utiliza cuando queremos activar un cilindro con una válvula o con la otra pero no con las dos al mismo tiempo.

VÁLVULA SELECTORA Y (AND)

Esta válvula es parecida a la anterior solo que con esta el aire necesita entrar por un lado y por el otro para que pueda circular el aire hacia la vía número 2.
Es usado cuando queremos activar un cilindro utilizando dos válvulas y presionándolas al mismo tiempo.

VÁLVULA DE ESCAPE RÁPIDO

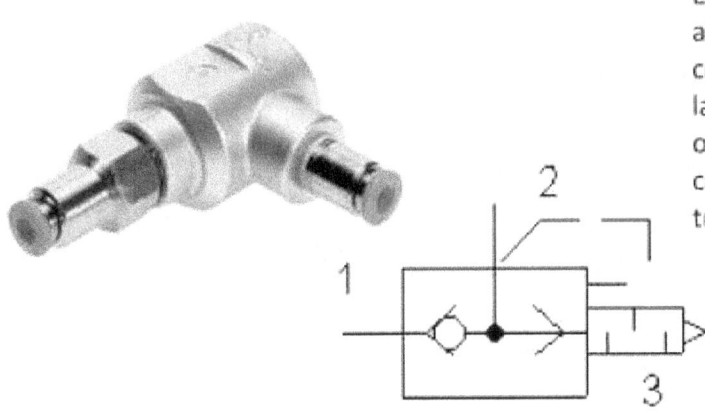

Esta válvula permite el paso de aire de la conexión 1 hacia la conexión 2. Al bajar la presión en la vía 1 la bolita vuelve a taparlo y obliga al aire proveniente de la conexión 2 a escapar por la vía 3 a través de un silenciador

VÁLVULA DE RETENCIÓN Ó ANTIRETORNO

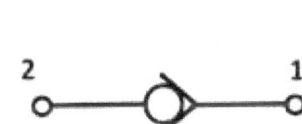

Permite el paso de aire en una sola dirección. Una pequeña bolita tapa la tubería cuando el aire intenta regresar.

Por ejemplo; en el símbolo podemos ver que el aire solo puede circular punto 1 al punto 2.

VÁLVULA DE RETENCIÓN CARGADA CON MUELLE

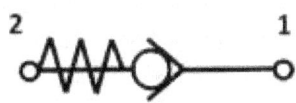

Esta válvula permite el paso de aire en una sola dirección pero solo al alcanzar determinada presión, ya que el pequeño resorte no deja que la bolita se mueva libremente, por eso se necesita cierta fuerza para moverla de su lugar.

VÁLVULA DE RETENCIÓN CON DESBLOQUEO PILOTADO

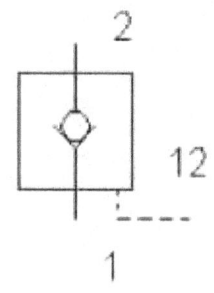

Esta válvula es parecida a la anterior; permite el paso de aire en una sola dirección al alcanzar determinada presión pero con la diferencia de que puede desbloquearse por la línea 12 para que el aire circule libremente por ambas direcciones (1 y 2)

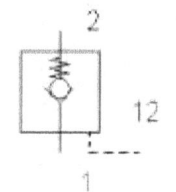

También puede tener muelle

VÁLVULA DE RETENCIÓN
CON BLOQUEO PILOTADO

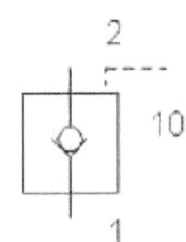

Esta válvula es parecida a la anterior; permite el paso de aire en una sola dirección al alcanzar determinada presión pero con la diferencia de que puede bloquearse por la línea 10.

Puede tener muelle o no.

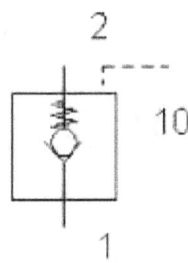

DIAGRAMA DE CONEXIÓN DE UN CILINDRO DE DOBLE EFECTO CONTROLADO POR DOS VÁLVULAS

En este ejemplo estamos controlando un cilindro de doble efecto con dos válvulas que se activan de forma manual.

El cilindro avanza presionando la válvula **A** y retrocede presionando la válvula **B**.

Explicación:

Al presionar la válvula **A** esta permite el paso de aire hacia la entrada izquierda de la válvula **C** logrando que se active y que permita el paso de aire hacia la conexión **1** del cilindro y este avance.

Desactivado

En este diagrama se muestra cilindro activado, y notamos como circula el aire desde la vía **1** a la vía **4** de la válvula **C** hacia el cilindro.

Si presionamos la válvula **B** entonces la válvula **C** cambiará de posición y ahora el aire circulará de nuevo de la vía **1** a la **2** y el cilindro regresará a su posición inicial tal y como estaba en el diagrama anterior.

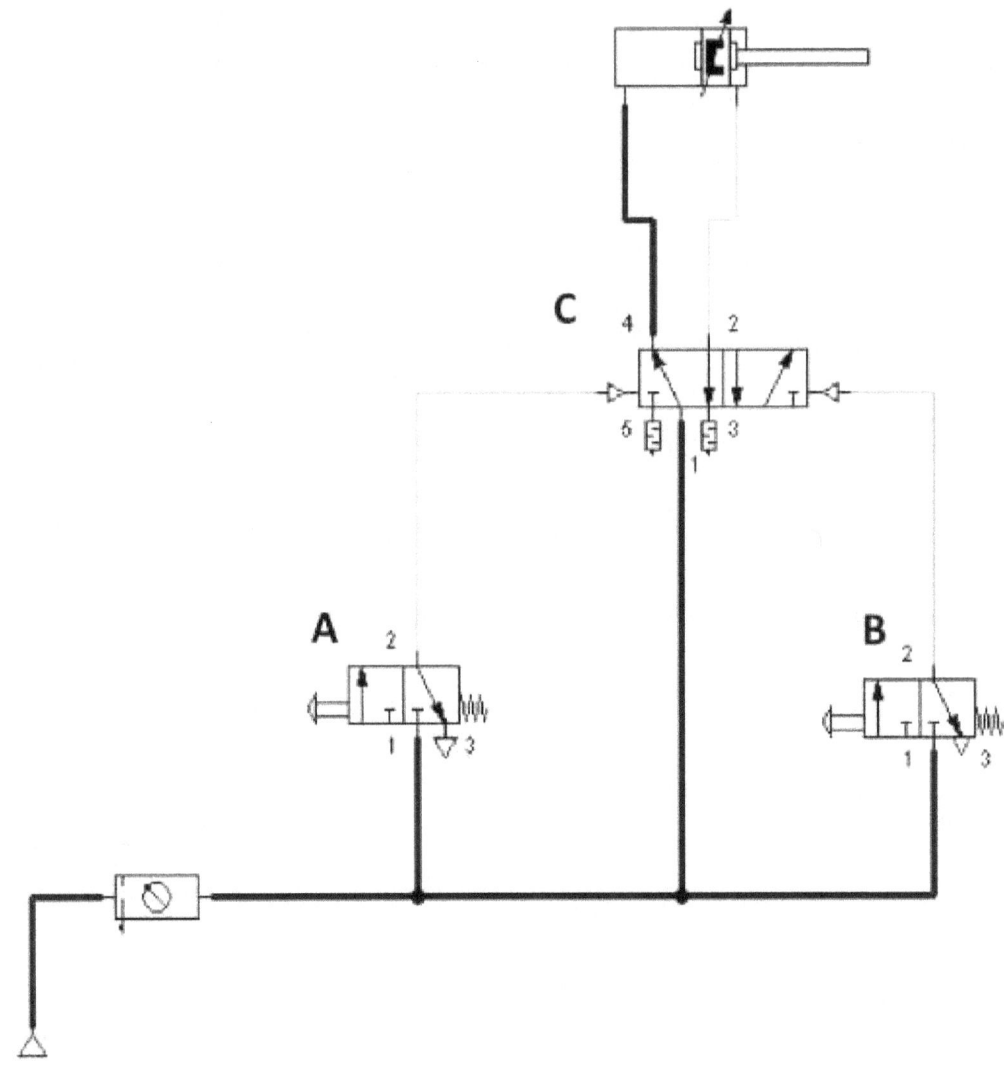

Activado

DIAGRAMA DE CONEXIÓN DE UN CILINDRO DE DOBLE EFECTO CON VÁLVULA "Y" (AND)

En este diagrama podemos ver que tenemos conectada una válvula "Y" que corresponde a la letra D. Esta válvula nos permite controlar al cilindro usando dos válvulas de accionamiento manual que se presionen al mismo tiempo, sin embargo si no se presionan a la vez entonces el cilindro no se activará.

Antes de activar la conexión, la válvula Y se encuentra en posición intermedia, la cual no permite pasar aire por ninguno de sus dos entradas **(1)** hacia la salida **(2)** la que activaría a la válvula de 5 vías que a su vez accionará al cilindro

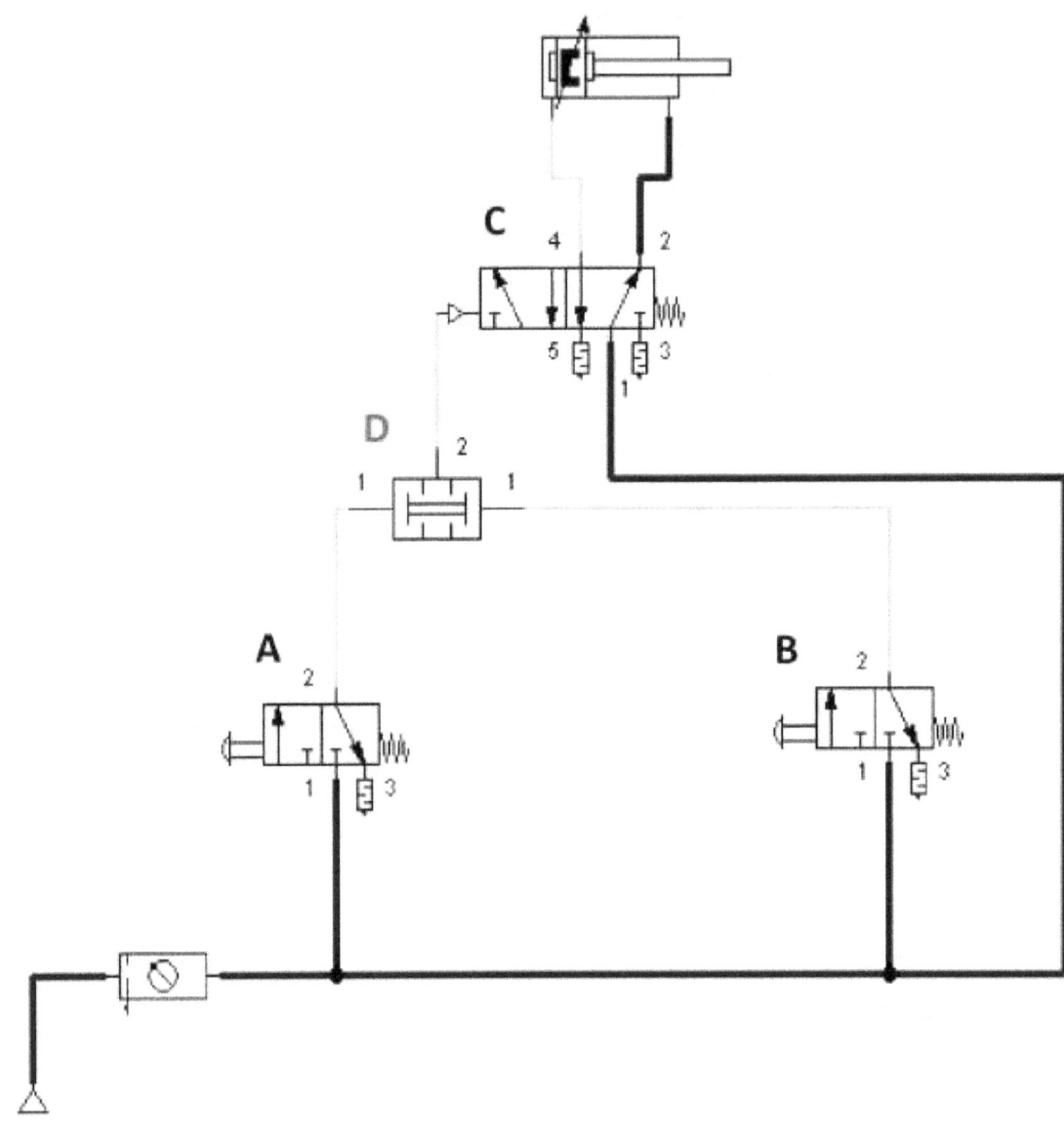

Si presionamos la válvula **A,** veremos que el cilindro no se activa, esto sucede porque la válvula **A** permitió el paso de aire por la entradas (1) izquierda de la válvula "Y" y esta cambió de posición moviéndose de tal manera que forma un sello que impide el paso de aire por la salida (2) de la válvula "Y"

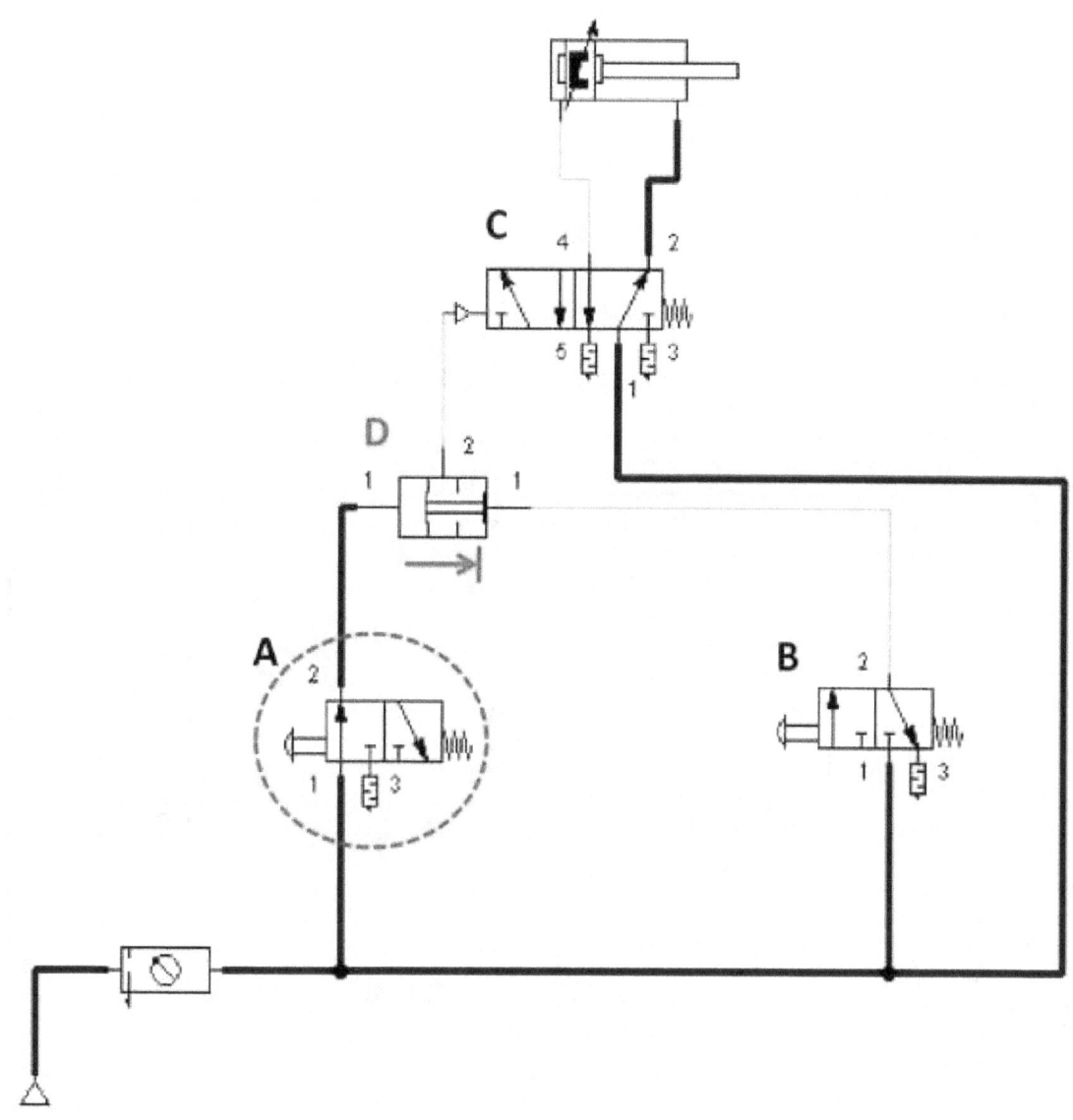

Si ahora presionamos la válvula **B,** veremos que el cilindro tampoco se activa, esto sucede porque la válvula **B** permitió el paso de aire por la entradas (1) derecha de la válvula "Y" y esta cambió de posición moviéndose de tal manera que también forma un sello que impide el paso de aire por la salida (2) de la válvula "Y"

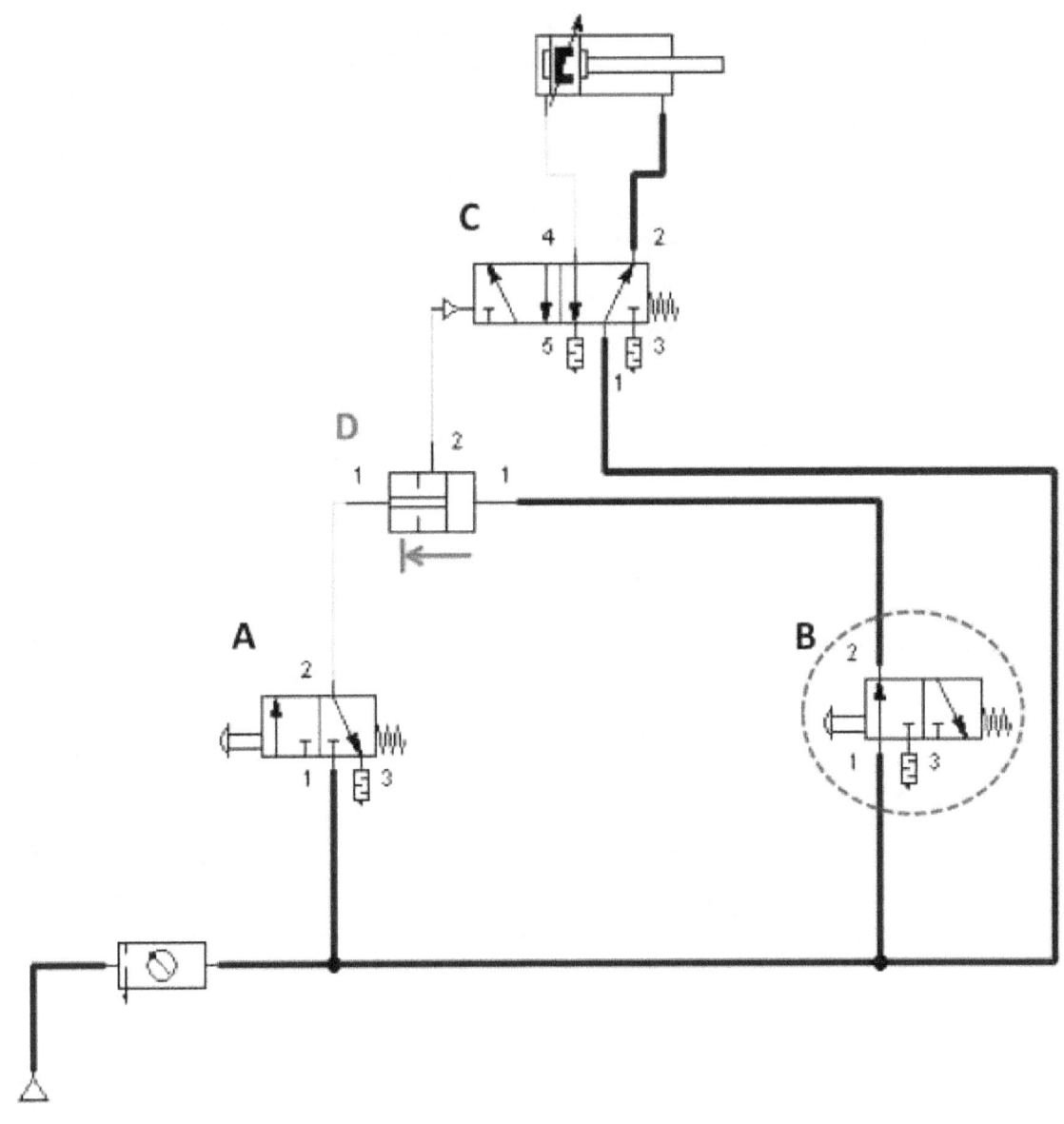

Ahora si presionamos ambas válvulas a la vez, entonces la válvula "Y" quedará en una posición intermedia que permitirá el paso de aire por su salida **(2)** hacia la siguiente válvula 5/2 **(C)** que a su vez accionará el cilindro.

Al dejar de presionar alguna de las válvulas interruptoras entonces el sistema se apagará y todo volverá a su posición original.

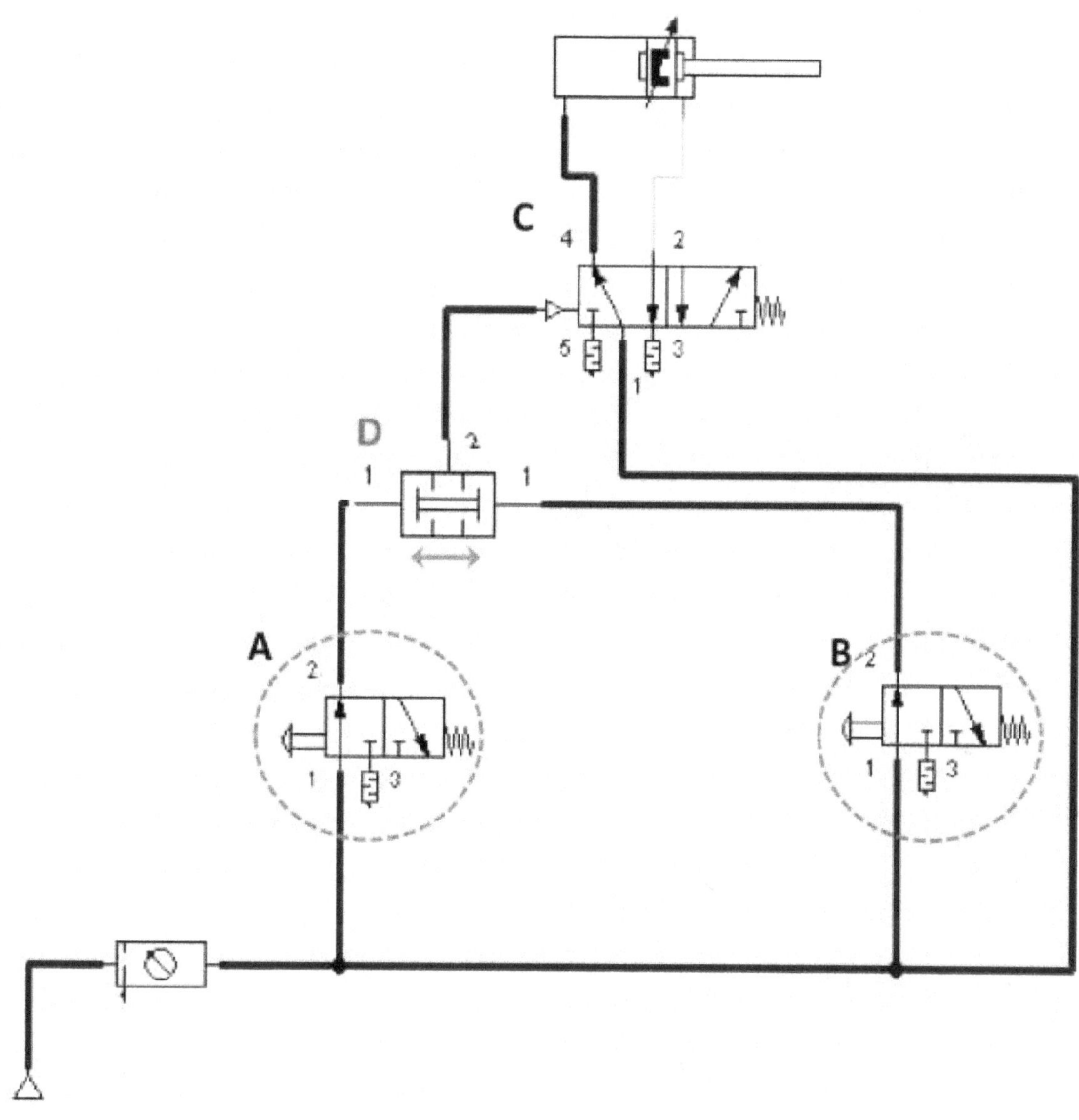

CIERRE DE CONEXIÓN

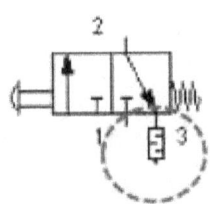

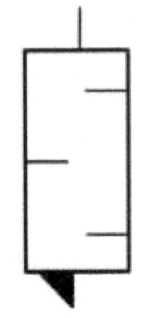

SILENCIADOR

Los cierres de conexión son los lugares donde termina el recorrido del aire, o también podríamos llamarlos salidas de aire.

A las salidas de los componentes se pueden colocar accesorios tales como filtros silenciadores que reducen el ruido ocasionado por el escape de aire, tapones de bloqueo o simplemente una conexión de escape de aire que dirija el aire a otro componente.

Una buena diagramación neumática no deberá tener conexiones vacías, es decir, sin colocarle algún componente.

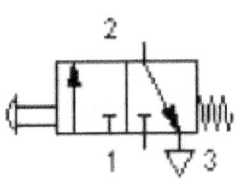

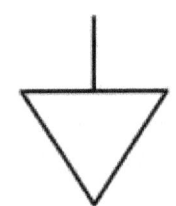

SALIDA DIRECTA

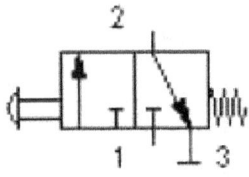

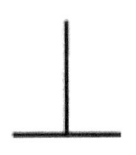

TAPÓN CIEGO

DIAGRAMA DE CONEXIÓN DE UN CILINDRO DE DOBLE EFECTO CON VÁLVULA "O" (OR)

La utilización de una válvula "O" (OR) permite activar el cilindro utilizando cualquiera de las dos válvulas que se conecten a ella. En el diagrama podemos ver que tenemos dos válvulas 3/2 conectadas a la válvula "O" en las vías (1), y la salida (2) con la válvula 5/2 que accionará el cilindro.

Del lado derecho tenemos una válvula 3/2 que activará el retroceso del cilindro.

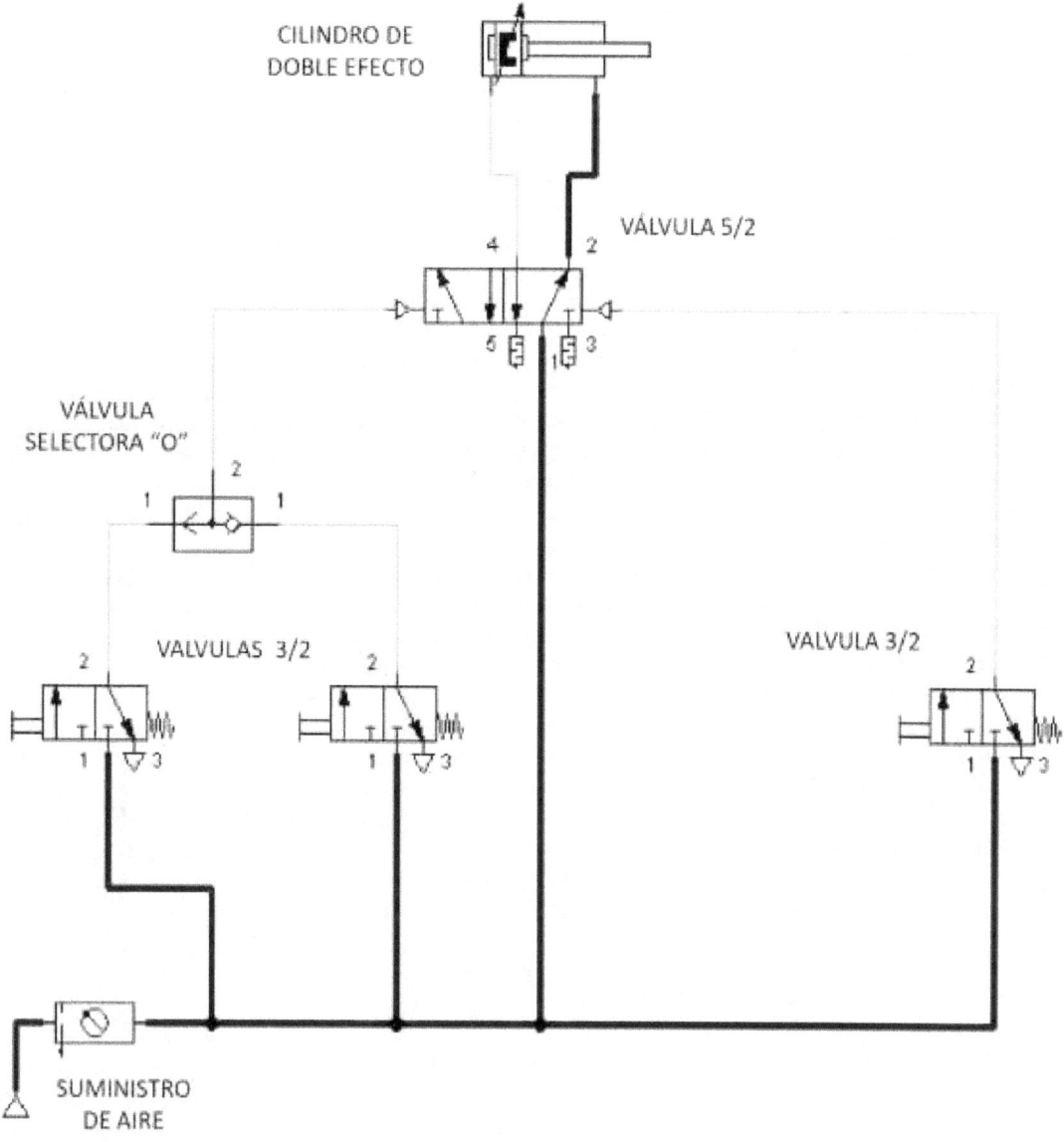

Al presionar la válvula **"A"** el aire pasa por la válvula selectora "O" y activa la válvula 5/2 que a su vez activa el cilindro

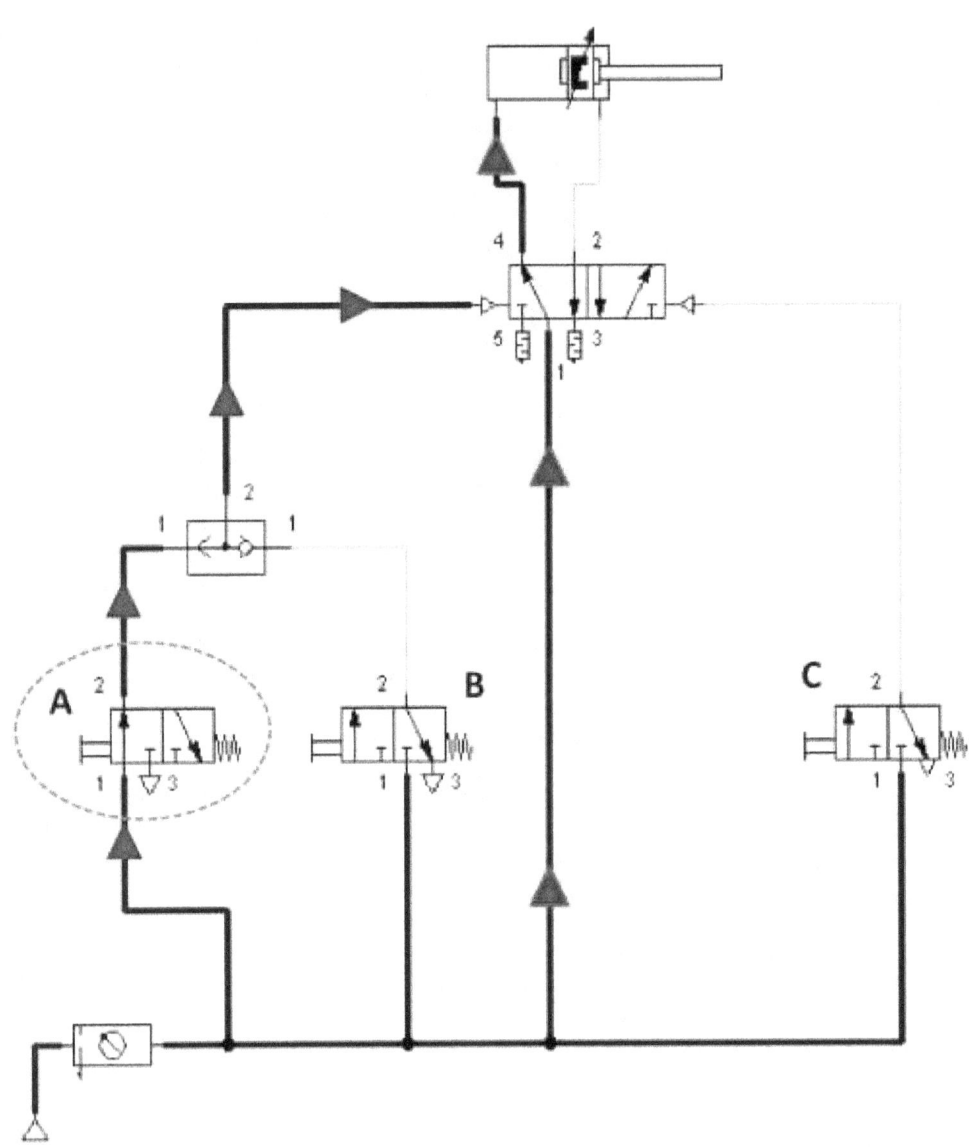

Si en vez de activar la válvula **"A"** hubiéramos activado la válvula **"B"**, pasa exactamente lo mismo; el aire pasa a la válvula selectora **"O"** y sale hacia la válvula 5/2 que a su vez activa el cilindro.

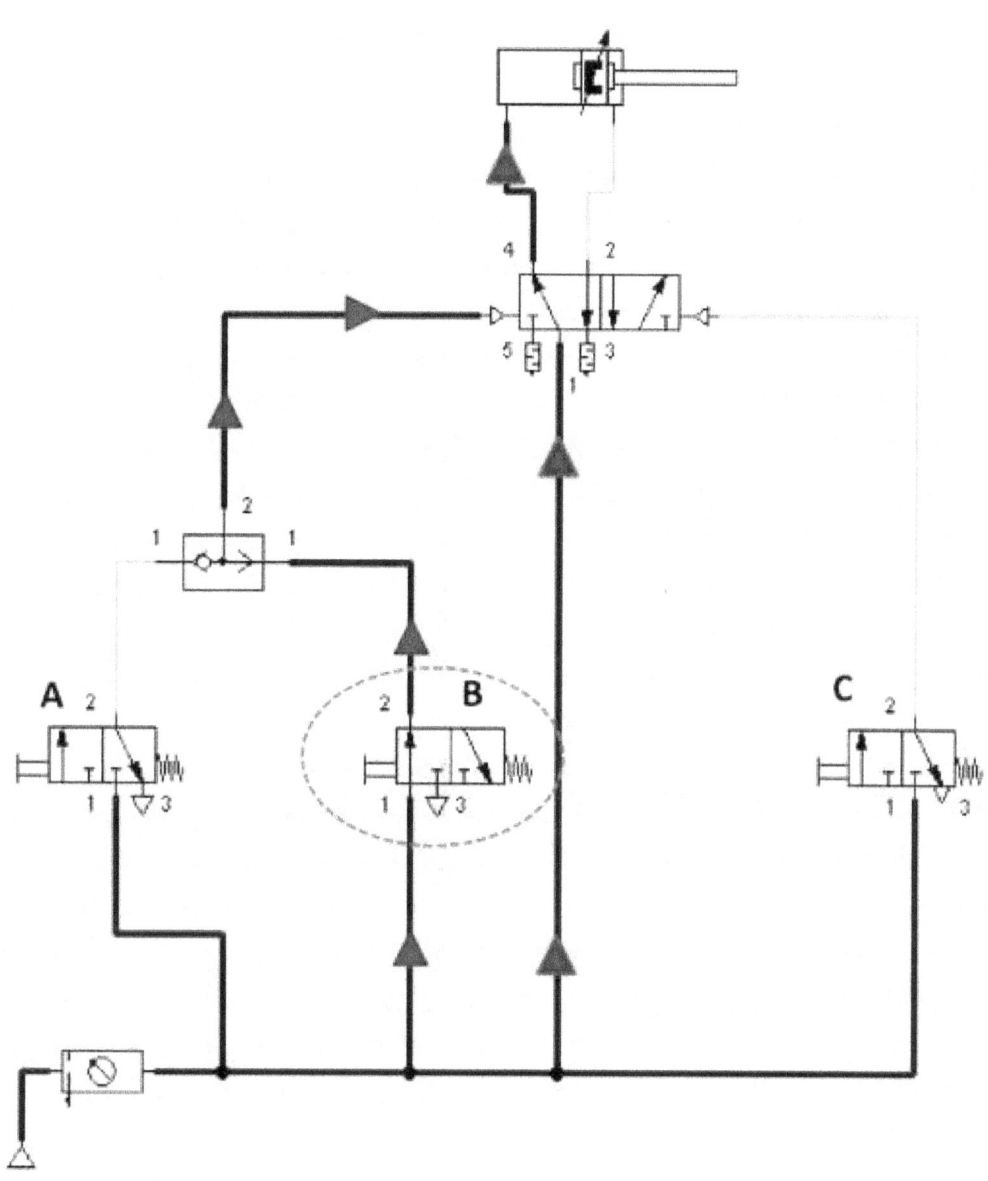

Para regresar a la posición original presionamos la válvula "C" que activa el lado
derecho de la válvula 5/2 permitiendo que el aire pase directamente a la conexión 2 del
cilindro y retorne a su posición inicial.

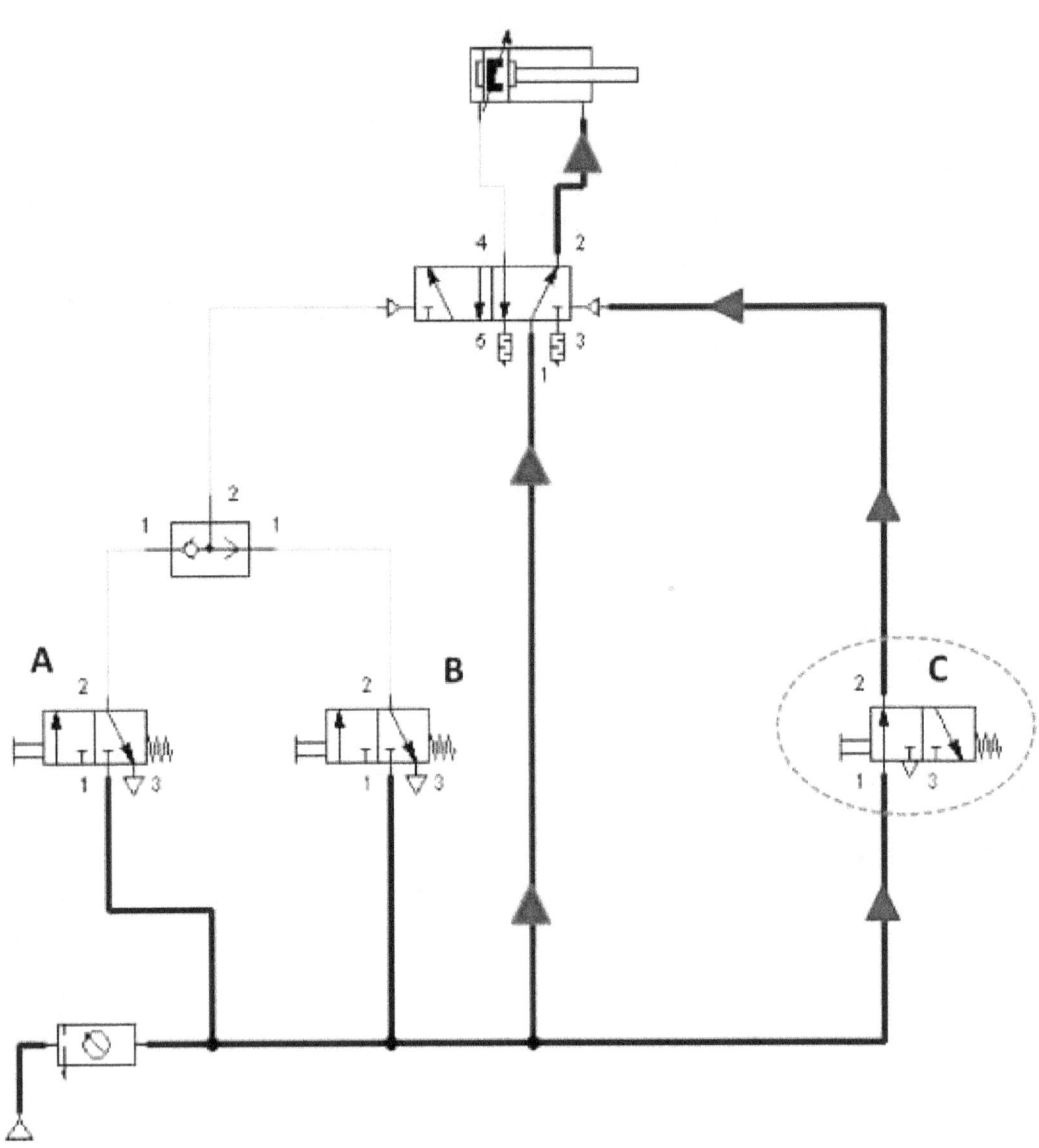

SIMULADOR DE SISTEMAS NEUMÁTICOS

Antes de continuar con los diagramas, les sugiero instalar en su computadora un simulador neumático que les ayudará a realizar las conexiones y comprobar su funcionamiento. El programa se llama **FluidSIM 4.5** de la compañía **Festo**, una empresa dedicada al diseño de componentes neumáticos e hidráulicos.

Para descargar el archivo de instalación deberán dirigirse aquí:

http://www.fluidsim.de/fluidsim/indexiso4_e.htm

Escojan el idioma que desean, (Español, Ingles, Francés y alemán)

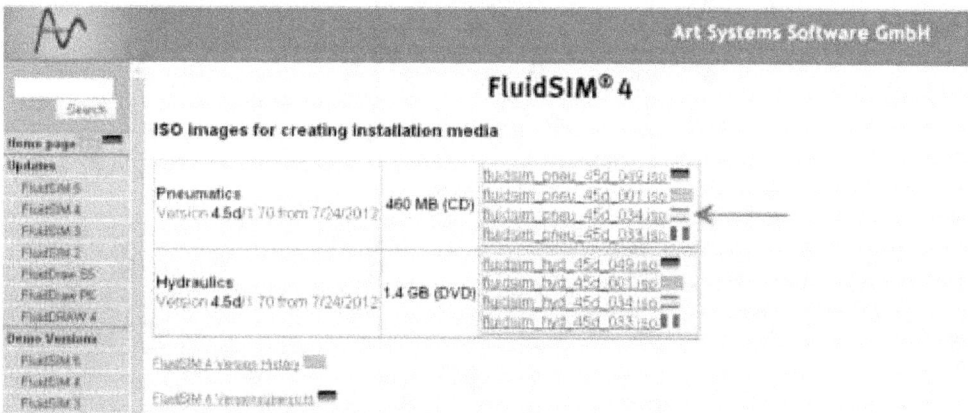

➢ Esperen a que descargue, mientras tanto crea una carpeta en el escritorio
➢ Al terminar la descarga, lo abren con el programa **Winrar**
➢ Extraiga los archivos especificando la carpeta que crearon al principio
➢ Busca el archivo de instalación llamado **setup.exe** y ejecútalo
➢ Seguir los pasos de instalación
➢ Al finalizar la instalación NO ejecutes el programa, primero lee la nota del final.

También puedes grabar el archivo a un CD e instalarlo.

NOTA: Este programa es un demo por lo tanto tendrá algunas funciones bloqueadas, así que lo puedes comprar o si lo deseas, puedes probarlo por completo pero deberás descargar este archivo, extrae los archivos y sigue las instrucciones:

https://onedrive.live.com/redir?resid=C8EBEEB756166EAD!187&authkey=!ALNW2q3vZi ftJQk&ithint=file%2crar

CONEXIÓN DE VÁLVULA ESTRANGULADORA

Las resistencias de aire reducen el flujo que se dirige al cilindro y otros componentes. Su función es muy simple; el aire pasa por un espacio mas pequeño reduciendo así su velocidad, el cual puede ser regulable por un tornillo o puede ser de fijo.

En el ejemplo vemos como se conecta una válvula estranguladora regulable y un cilindro de simple efecto.

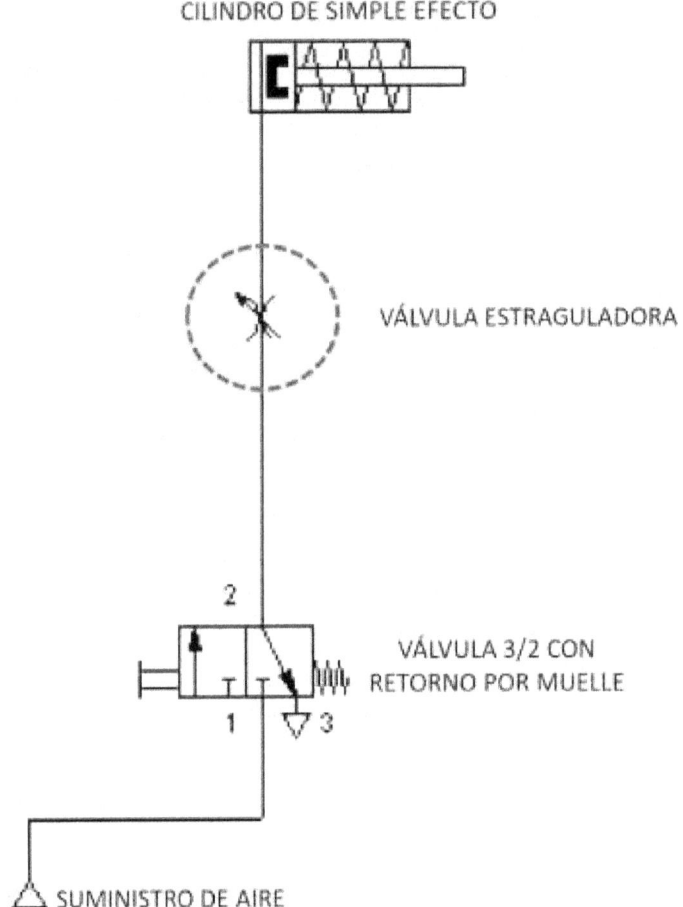

Al presionar la válvula 3/2 el aire circulará a través de la válvula estranguladora y esta reducirá el flujo de aire haciendo que el cilindro se desplace lentamente

Al dejar de presionar la válvula 3/2 el cilindro regresará lentamente a su posición original igualmente pasando por la válvula estranguladora y escapando por la conexión 3

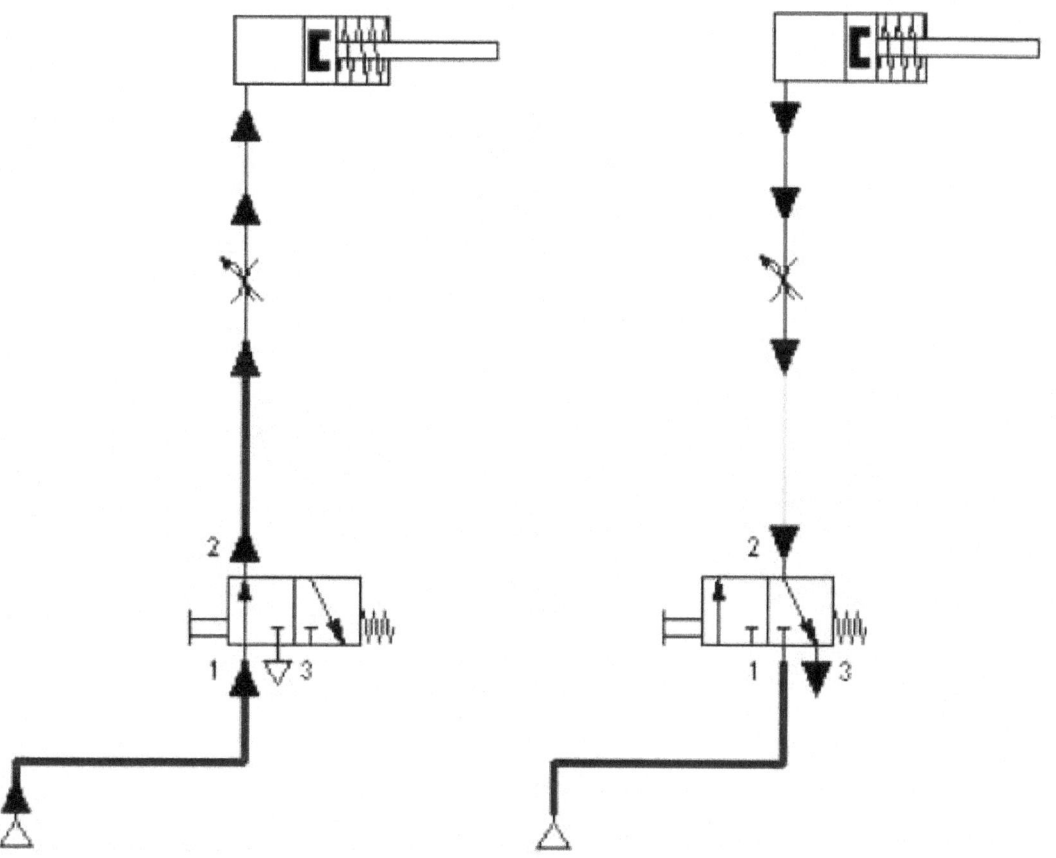

Podemos ajustar la válvula estranguladora para que el cilindro se mueva mas rápido o más lento.

CONEXIÓN DE VÁLVULA DE RETENCIÓN O ANTIRETORNO

Al conectar esta válvula en un sistema se logrará hacer circular el aire en una sola dirección, es decir, si el aire se mueve hacia adelante esta no podrá regresar.
El aire entrará por la conexión 1 y saldrá por la conexión 2.
A continuación muestro un ejemplo:

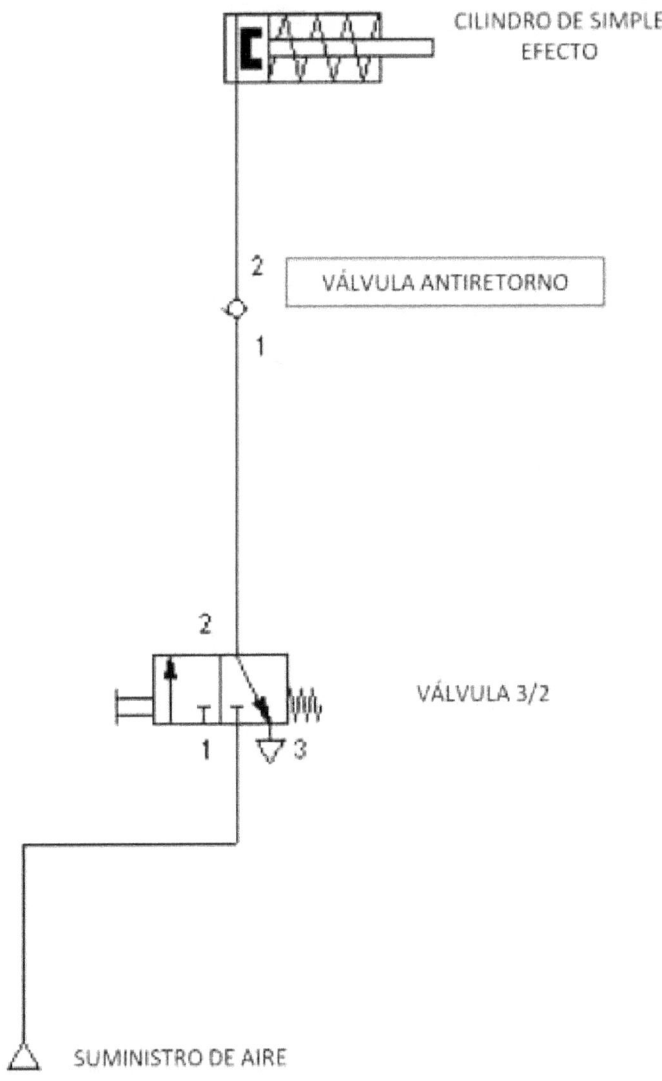

CILINDRO DE SIMPLE EFECTO

2

VÁLVULA ANTIRETORNO

1

2

VÁLVULA 3/2

1   3

SUMINISTRO DE AIRE

En el ejemplo podemos ver que al presionar la válvula 3/2 el aire circula normalmente, sin embargo, al dejar de presionar el botón el cilindro ya no regresa porque la válvula anti retorno no permite que el aire que contiene el cilindro escape por donde mismo existiendo aún presión dentro del cilindro.

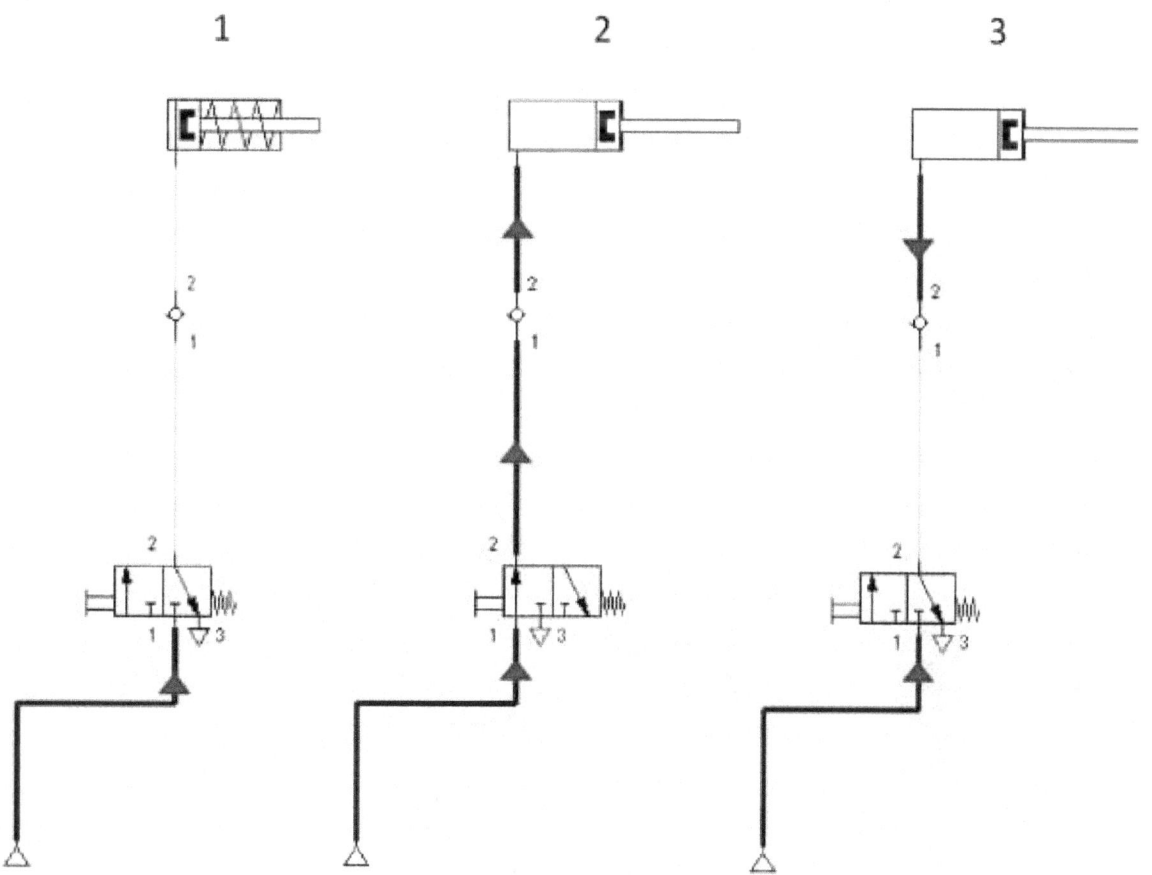

Las otras válvulas de retención trabajan de la misma forma pero con la ventaja de que tienen otros componentes para realizar funciones mas especificas como por ejemplo; un muelle o un desbloqueo pilotado.

SENSORES Y ACCESORIOS DE MEDICIÓN

Estos accesorios nos ayudarán a conocer la presión de trabajo o para cortar el flujo de aire en caso de un sobrepresión que pudiera dañar nuestro sistema.
Aquí mostraré algunos de ellos:

MANÓMETRO

Indica la presión dentro del sistema

INDICADOR DE SOBRE PRESIÓN
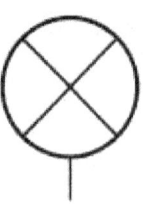

Al exceder la presión establecida en el sistema este componente emite una señal luminosa que nos alerta y podamos tomar las medidas necesarias para corregir el problema.

CAUDALÍMETRO

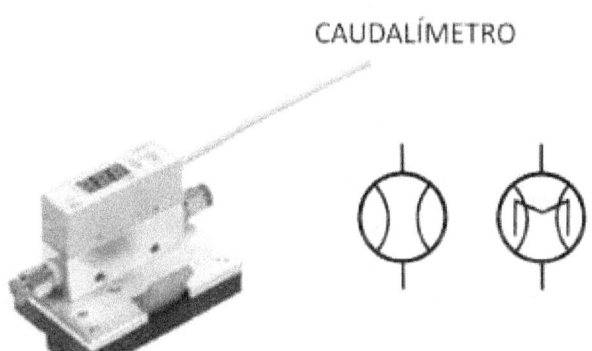

Este accesorio mide el caudal de aire en litros por minuto (l/min) que circula o ha circulado en el sistema

SENSOR DE ANILLO

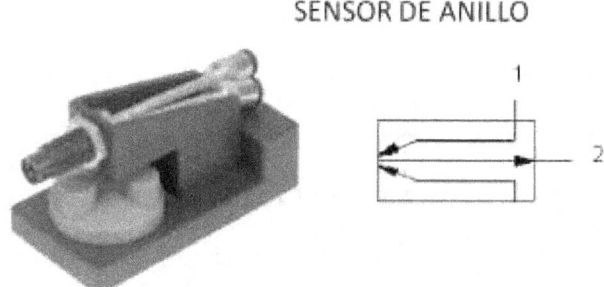

Detecta algún objeto que se acerca al sensor y emite una señal neumática de baja presión.

Este accesorio continuamente emite un pequeño chorro de aire que al ser obstruido por un objeto desvía un poco de ese aire por la conexión (2) que se utilizará para activar otro componente e iniciar otra secuencia neumática.

CONTADOR NEUMÁTICO

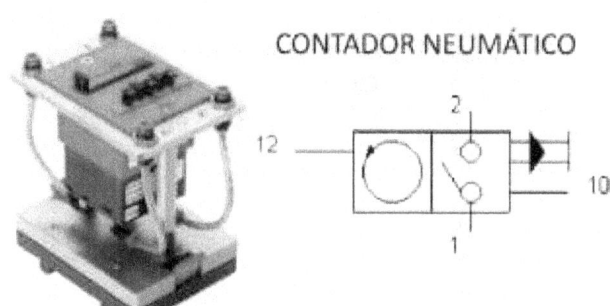

Este contador detecta señales neumáticas y las va contando de manera regresiva empezando en un valor determinado hasta llegar a cero. Al terminar el conteo se emite una señal neumática que puede utilizarse para detener al sistema o para iniciar otra secuencia neumática.

SIMBOLOGÍA
-VÁLVULAS DE CIERRE Y CONTROL DE CAUDAL-

VÁLVULA ESTRANGULADORA

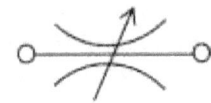

TOBERA

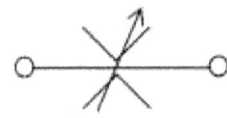

ORIFICIO

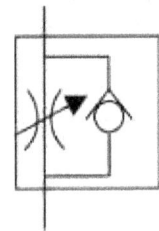

ORIFICIO AJUSTABLE

**VÁLVULA REGULADORA DE
CAUDAL UNIDIRECCIONAL**

**VÁLVULA SELECTORA
O (OR)**

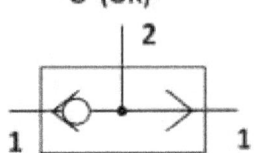

**VÁLVULA SELECTORA Y
(AND)**

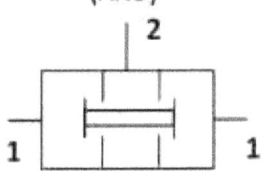

VÁLVULA DE ESCAPE RÁPIDO

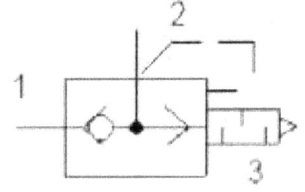

**VÁLVULA DE RETENCIÓN
CON DESBLOQUEO PILOTADO**

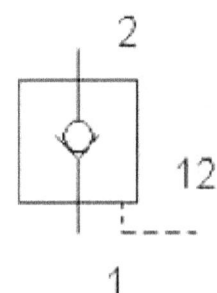

VÁLVULA DE RETENCIÓN Ó ANTIRETORNO

VÁLVULA DE RETENCIÓN CARGADA CON MUELLE

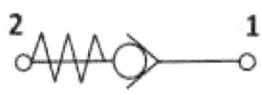

VÁLVULA DE RETENCIÓN CON BLOQUEO PILOTADO

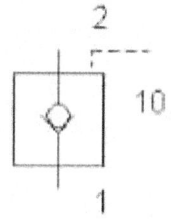

SILENCIADOR

SALIDA DIRECTA

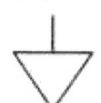

TAPÓN CIEGO

MANÓMETRO

INDICADOR DE SOBRE PRESIÓN

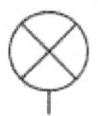

CAUDALÍMETRO

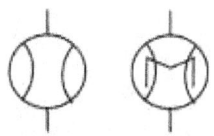

SENSOR DE ANILLO

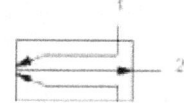

CONTADOR NEUMÁTICO

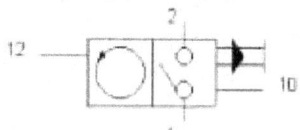

Capitulo 8

DIAGRAMACIÓN

A	A+			A-		
B		B+		B-		
C			C+	C-		

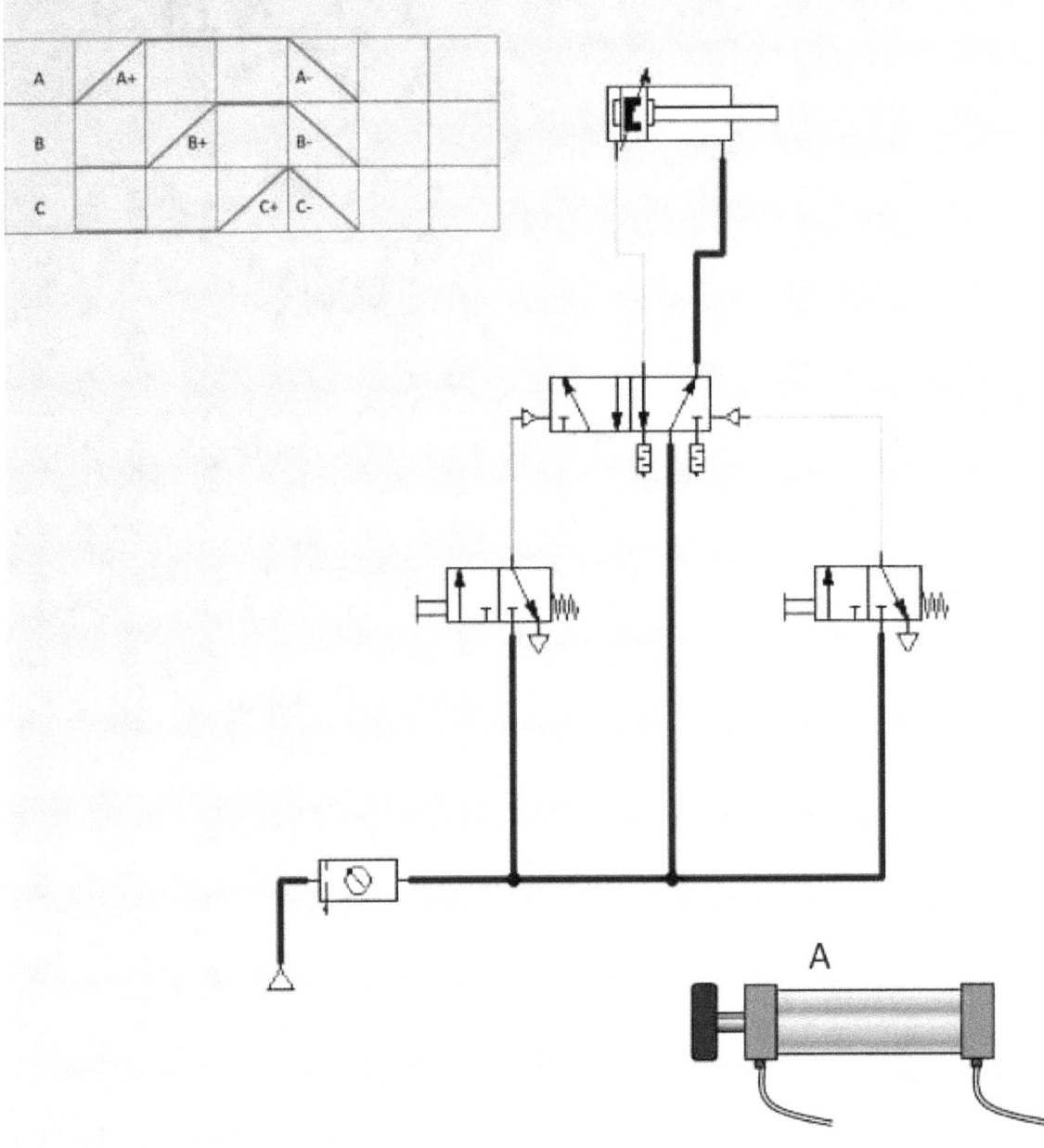

A

En la diagramación de circuitos neumáticos iremos viendo de los mas sencillos hasta los más complicados. Nuevamente sugiero que instalen el programa **FluidSIM** para que practiquen los diagramas y vean como funcionan.

Cilindro de simple efecto con válvula 3/2

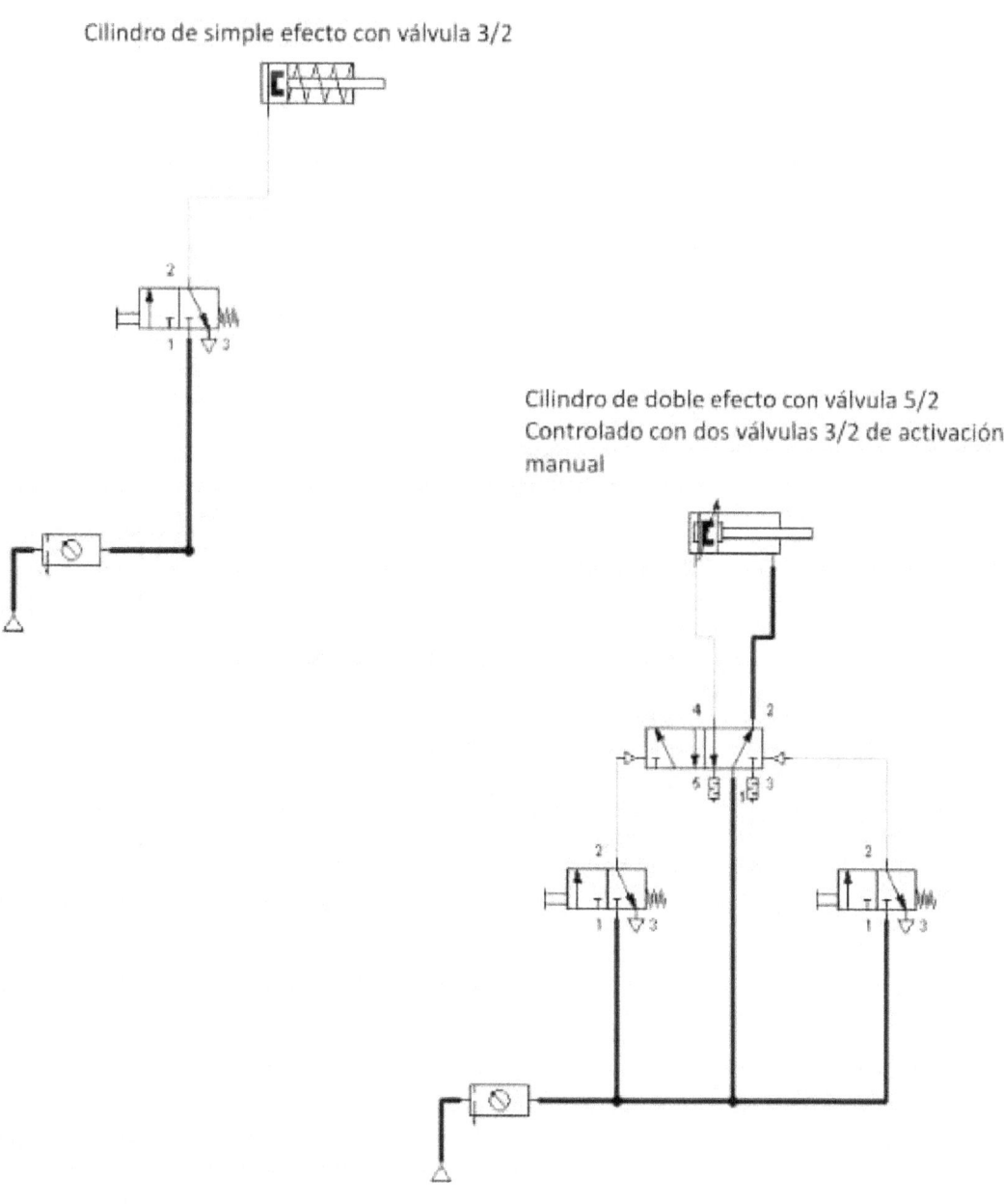

Cilindro de doble efecto con válvula 5/2
Controlado con dos válvulas 3/2 de activación manual

CILINDRO DE DOBLE EFECTO CON VÁLVULA SELECTORA "O" (OR) Y
VÁLVULA 3/2 PARA RETORNO

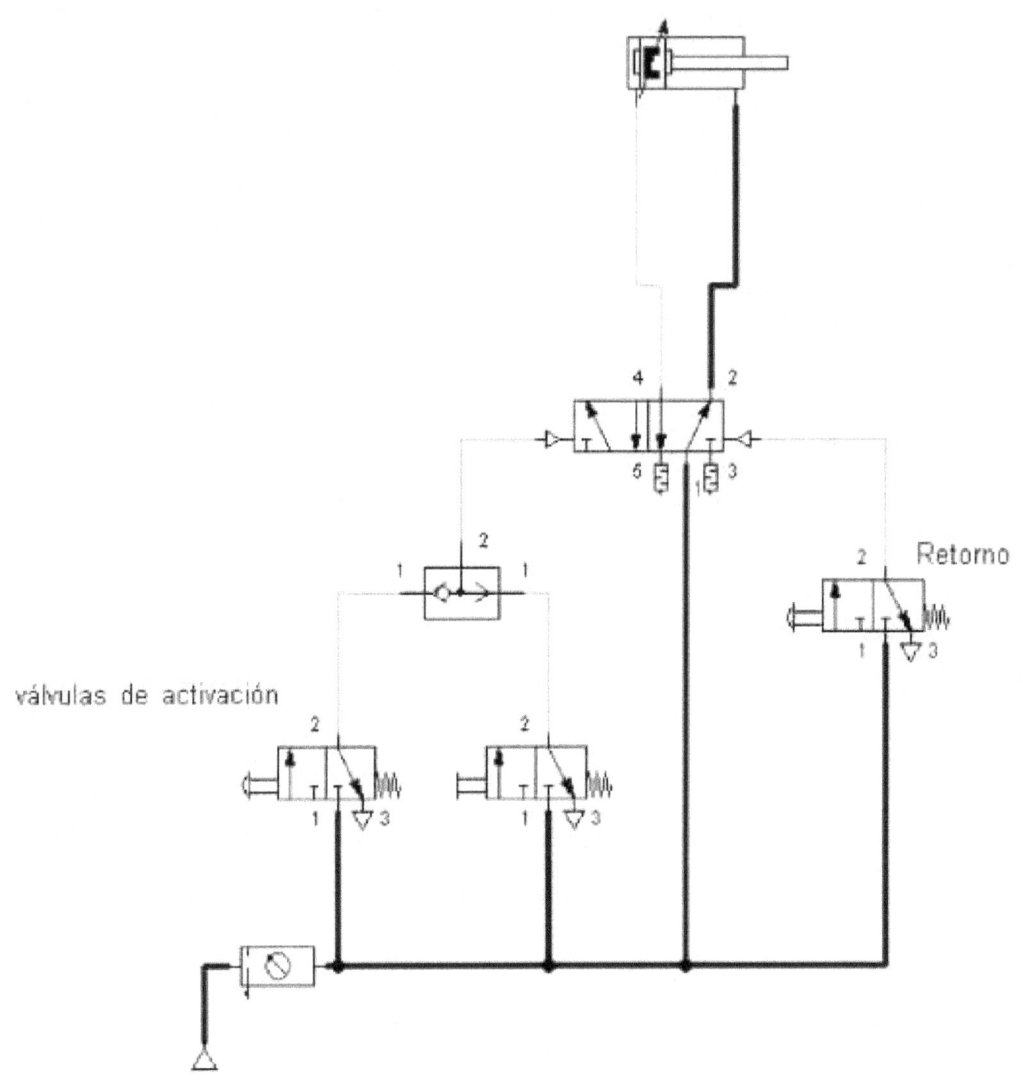

CILINDRO DE DOBLE EFECTO CON VÁLVULAS SELECTORAS "Y"
(AND) Y DOS VÁLVULAS 3/2 PARA ACTIVACIÓN Y PARA RETORNO

Aquí para accionar el cilindro es necesario presionar
simultáneamente las dos válvulas de activación y para regresar es
necesario presionar al mismo tiempo las válvulas para retorno.
Tenemos una válvula estranguladora para regular la velocidad del
cilindro.

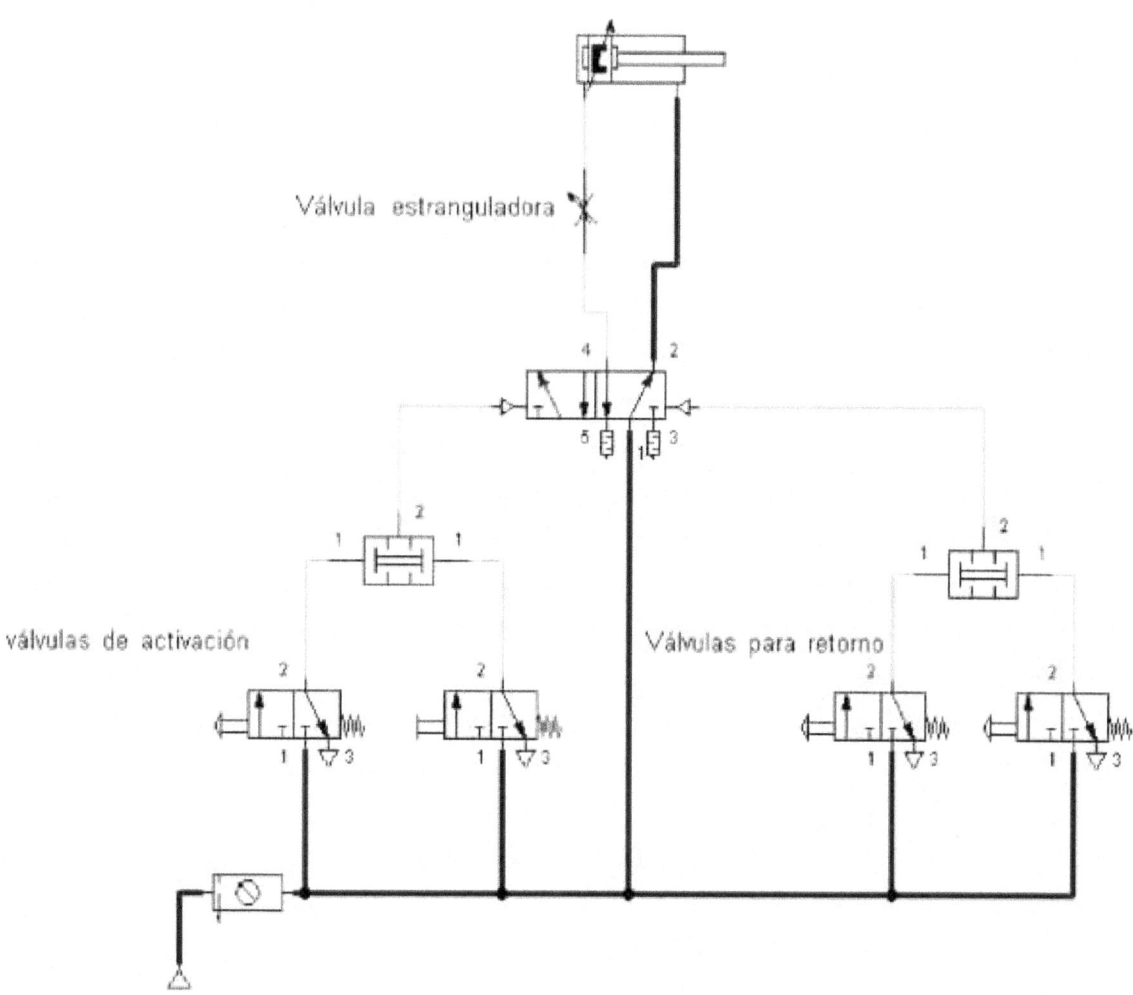

Cuando hablamos de diagramas neumáticos nos encontramos con diferentes problemas a la hora realizar las conexiones e instalar los componentes, también se nos pide que realicemos la instalación de acuerdo a las instrucciones que se nos den. Por ejemplo:

"Queremos un cilindro que podamos activar con un pedal y que se desactive al soltarlo y que además podamos regular la velocidad del recorrido del vástago"

En el diagrama lo representaríamos de la siguiente forma:

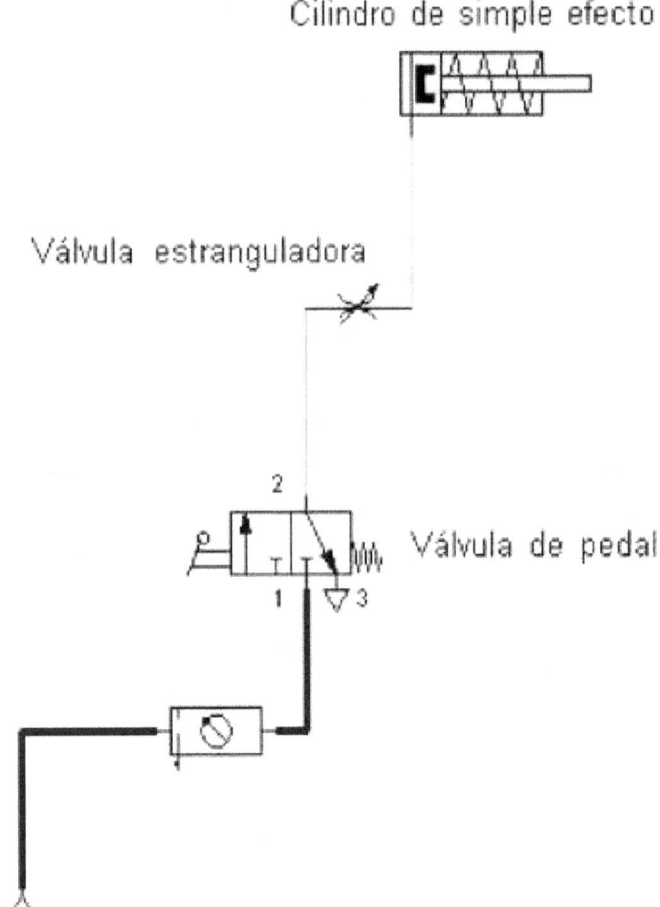

Cilindro de simple efecto

Válvula estranguladora

Válvula de pedal

"Un cilindro de doble vástago que se active al presionar un pedal y que se regrese al presionar un botón"

En este caso al presionar el pedal activará la válvula 5/2 y accionará el cilindro. Para que regrese tendremos que presionar el botón de la válvula 3/2.

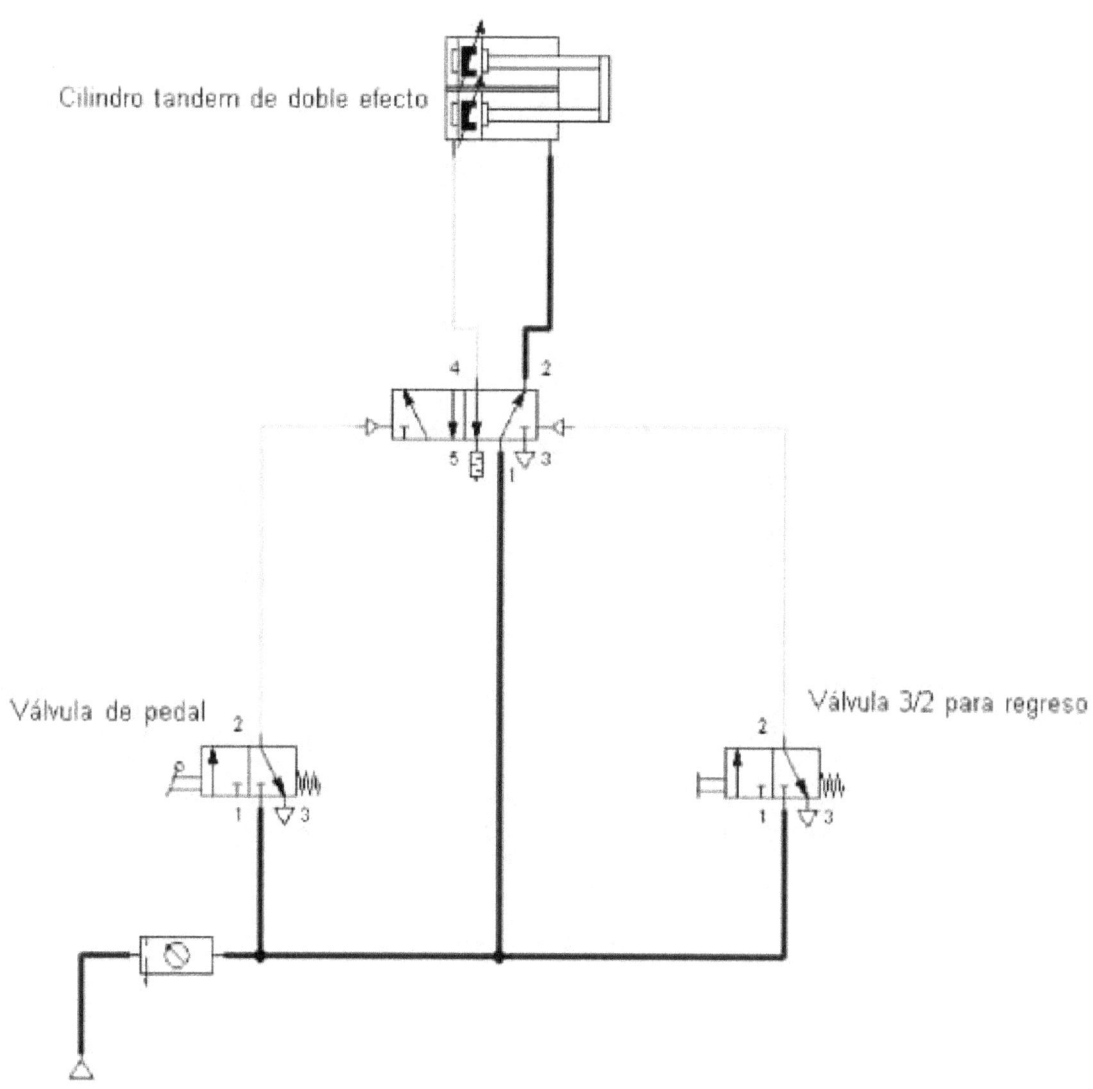

DIAGRAMACIÓN DE VÁLVULAS DE RODILLO

En el caso de válvulas de rodillo, habrá que identificar la válvula de rodillo que usaremos
y el cilindro con que hará contacto. En el ejemplo vemos que la válvula de rodillo está
identificado como **(A1)** al igual que el cilindro, esto significa que hay un vínculo entre
estos dos componentes, es decir, cuando activemos el cilindro el vástago avanzará y
hará contacto con el rodillo el cual activará la válvula 5/2 para que el cilindro regrese a
su posición inicial.

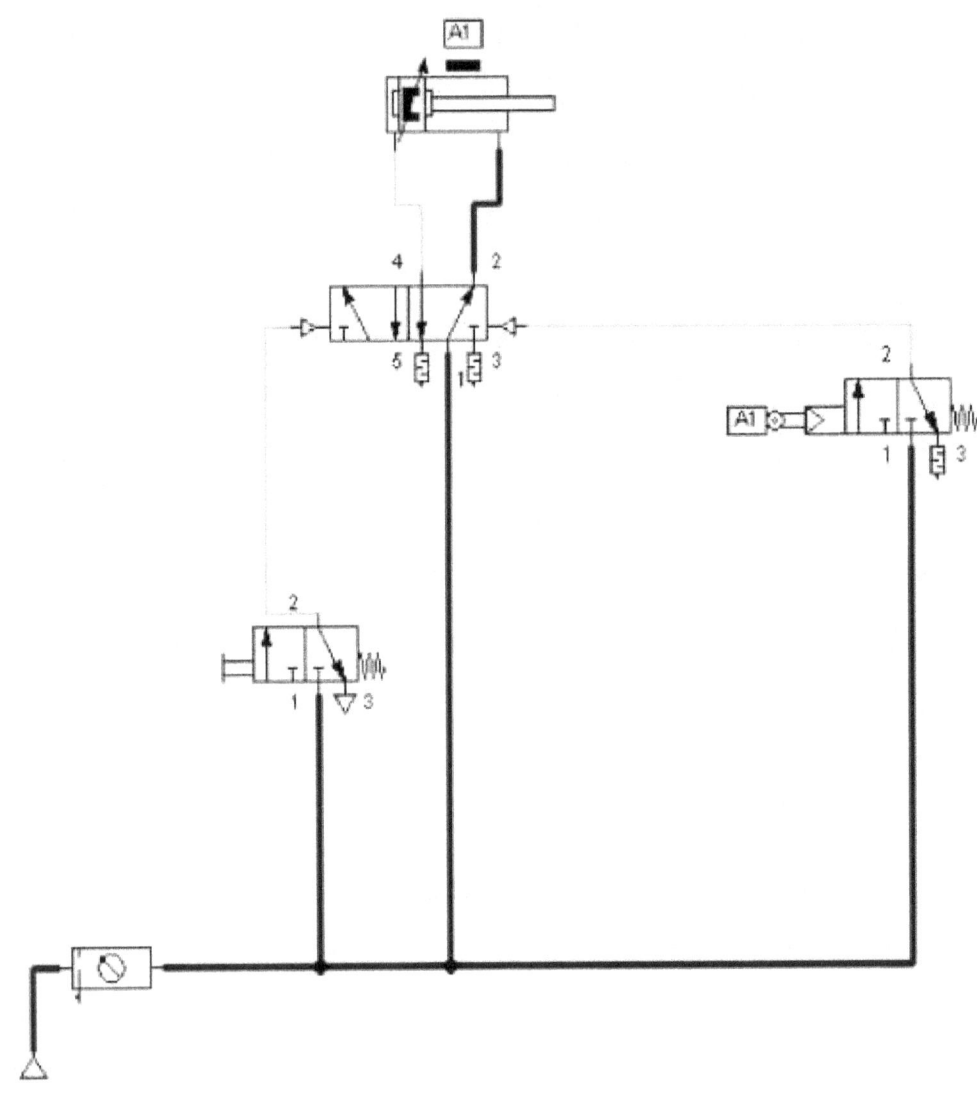

Como el avance del vástago es demasiado rápido entonces agregaremos una válvula estranguladora para reducir su velocidad, pero al hacerlo también estaremos reduciendo la velocidad de regreso , para corregir esto, agregaremos una válvula de escape rápido que permitirá regresar al vástago de manera rápida.

El funcionamiento del ejemplo sería: *"..al pulsar la válvula 3/2 se activa el cilindro que regresará automáticamente al llegar al final de su recorrido. Deberá avanzar de manera lenta y regresar rápidamente."*

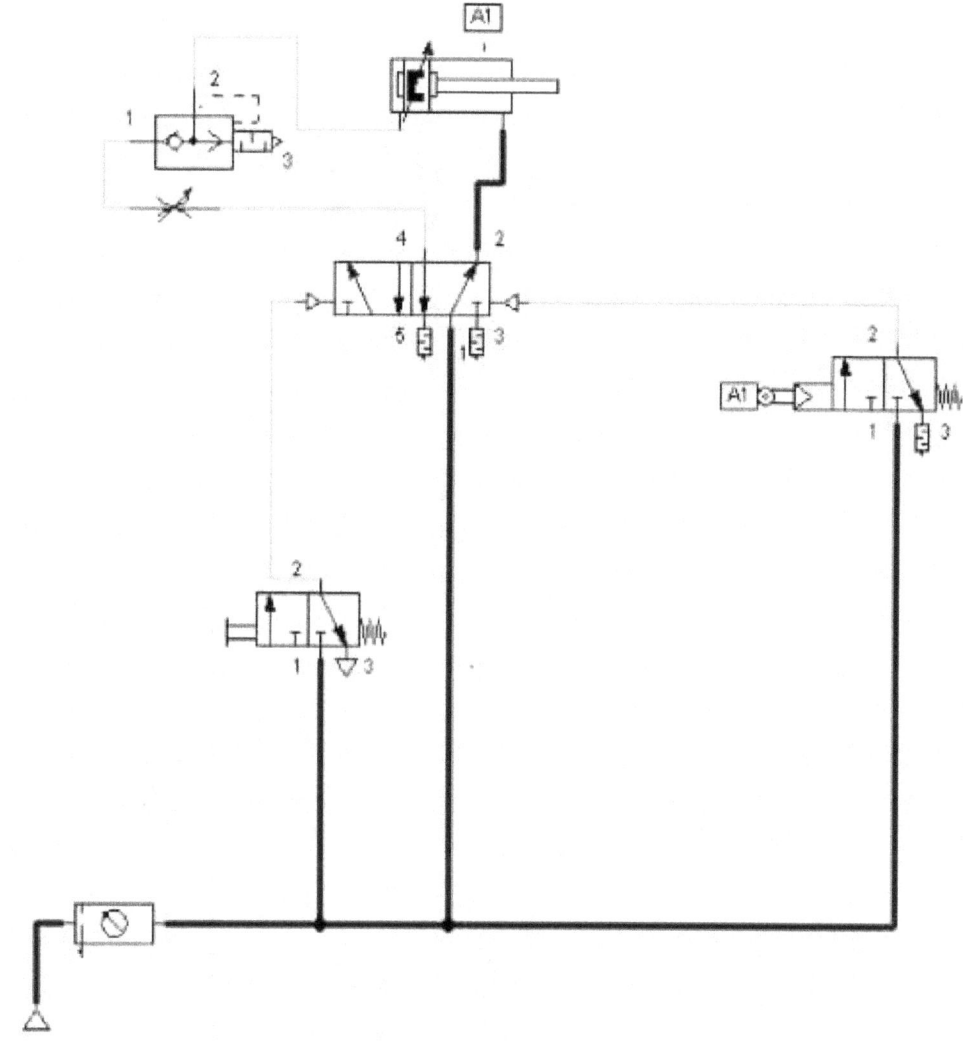

"Controlar un cilindro de doble efecto que se active al presionar cualquiera de las dos válvulas de accionamiento pero solo cuando el cilindro este completamente retraído, y que al avanzar totalmente hasta el final de su recorrido regrese de forma automática.."

Explicación:

En este caso, tenemos un cilindro de doble efecto controlado con dos válvulas 3/2 y dos válvulas 3/2 de rodillo. La válvula de rodillo **A1** detecta si el cilindro está completamente retraído y la válvula **A2** detecta cuando el vástago avanzó al 100% de su recorrido. En caso de que el cilindro no estuviera retraído completamente entonces la válvula "o" (OR) no permitirá que se active el cilindro, de igual forma, si el cilindro no ha avanzado completamente hasta el final entonces la válvula "y" (and) no permitirá que el vástago regrese a su posición original.

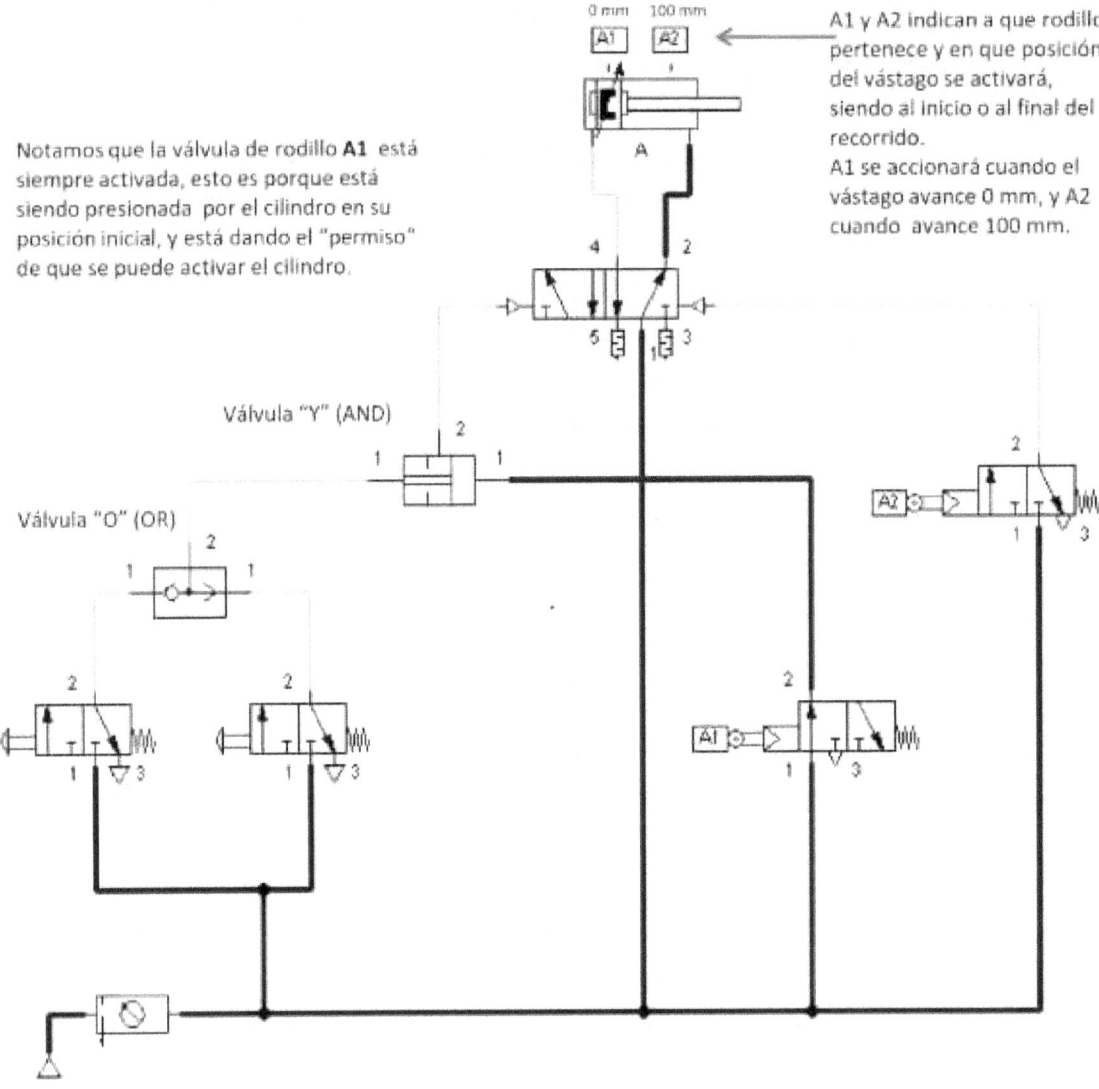

Notamos que la válvula de rodillo **A1** está siempre activada, esto es porque está siendo presionada por el cilindro en su posición inicial, y está dando el "permiso" de que se puede activar el cilindro.

A1 y A2 indican a que rodillo pertenece y en que posición del vástago se activará, siendo al inicio o al final del recorrido.
A1 se accionará cuando el vástago avance 0 mm, y A2 cuando avance 100 mm.

"Controlar dos cilindros que al presionar la válvula de accionamiento avance el cilindro "A" y cuando llegue al final de su recorrido avance el cilindro "B", cuando el cilindro "B" llegue al final de su recorrido entonces ambos cilindros regresarán al mismo tiempo a su posición original..."

En este caso usamos dos cilindros de doble efecto, cada uno tiene una válvula 3/2 y una válvula de rodillo para el regreso. Cuando avanza el cilindro **"A"** y llega al final, el vástago empuja el rodillo de la válvula **"A1"** el cual hace que se active el cilindro **"B"** y cuando este llega al final entonces el vástago empuja el rodillo de la válvula **"B2"** haciendo que el cilindro regrese a su lugar y al llegar al inicio se empuja el rodillo de la válvula **"B1"** haciendo que el cilindro **"A"** regrese a su lugar.

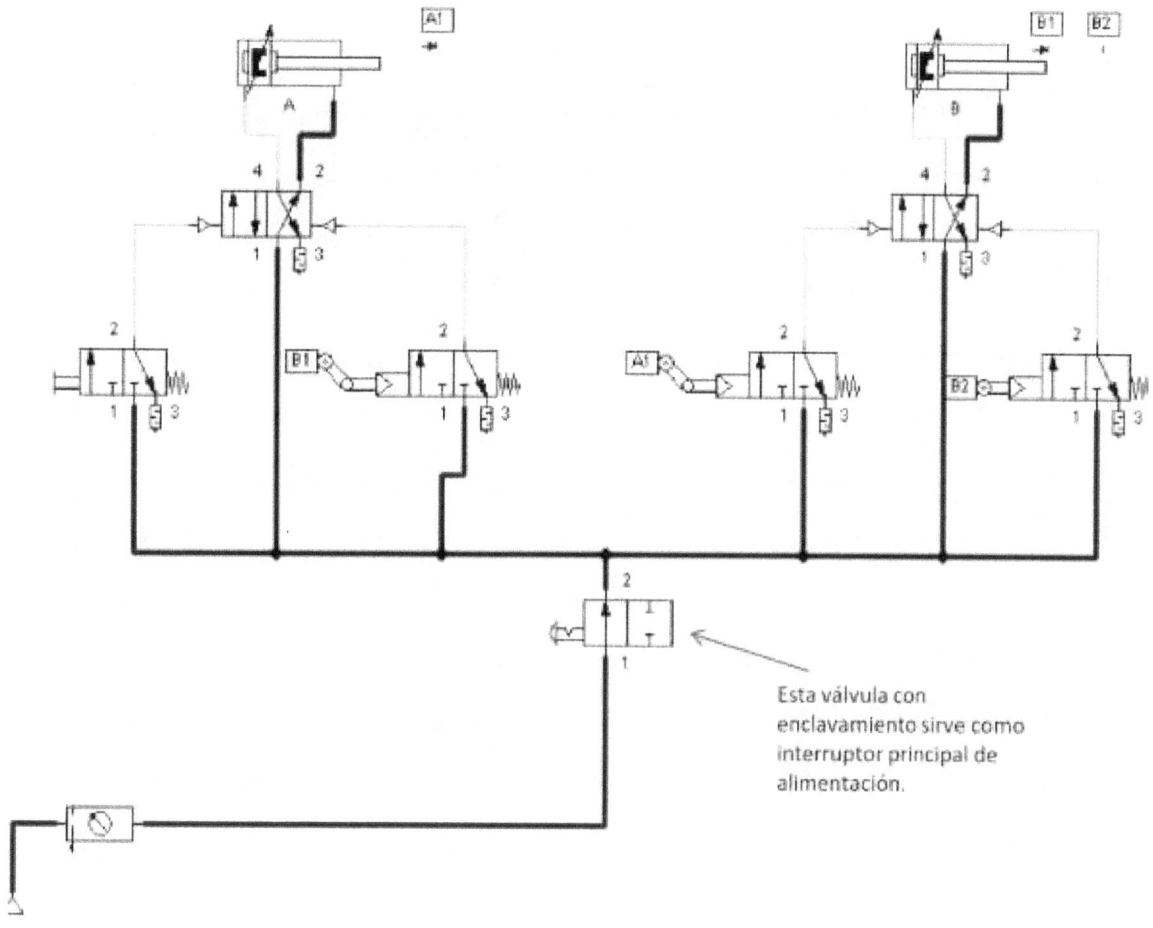

Esta válvula con enclavamiento sirve como interruptor principal de alimentación.

"*Controlar dos cilindros de doble efecto que al presionar la válvula accionadora avance el cilindro 1, después al volverla a presionar avance el cilindro 2 y al presionarla nuevamente ambos cilindros regresen a su posición original*"

Nótese que en las conexiones No.1 de las válvulas 3/2 que controlan al cilindro tienen conectadas un triangulo que representa una fuente de aire comprimido.

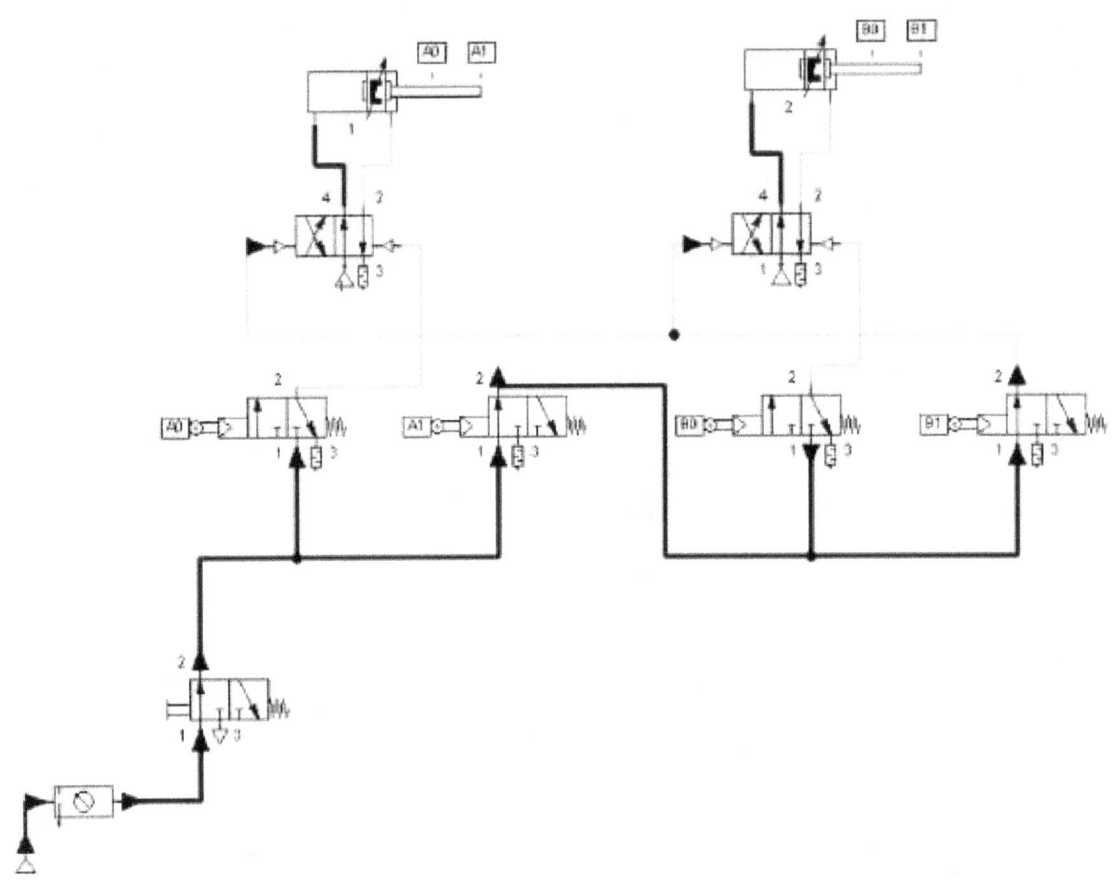

"Se Necesita un ciclo repetitivo en el cual al presionar el botón de accionamiento con enclavamiento se active el cilindro "A" y que al llegar al final de su recorrido avance el cilindro "B" y que al llegar al final de su recorrido se regrese hasta el inicio y ya que llegue entonces se regresará el cilindro "A" hasta el inicio, después se repetirá nuevamente el ciclo hasta que se desactive de forma manual el botón de accionamiento con enclavamiento "

En este ciclo infinito, las válvulas de rodillo B1 y B2 controlan al cilindro A, y las válvulas de rodillo A1 y A2 controlan al cilindro B, de esta forma cuando un cilindro se activa el otro también y cuando llega al final de su recorrido el otro también lo hará y así sucesivamente hasta que se tire de la válvula de accionamiento con enclavamiento.

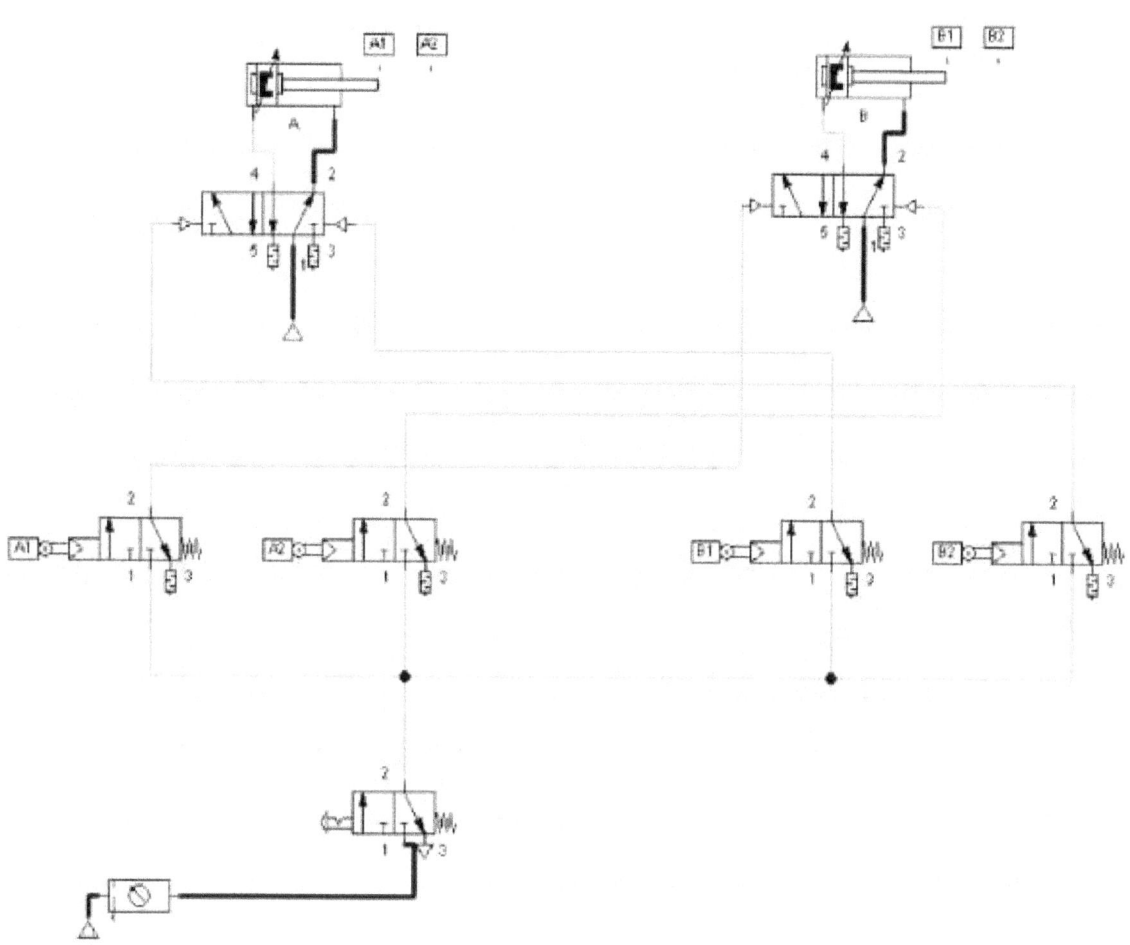

"Se necesita controlar a un cilindro de doble efecto que al presionar el botón de accionamiento el vástago avance y que en determinado tiempo el vástago regrese a su posición original de forma automática"

Para que el cilindro regrese a partir de un determinado tiempo se utilizará un conjunto de componentes que funcionarán como temporizador para que el vástago del cilindro regrese al pasar un determinado tiempo. Como se ve en el diagrama se utiliza un depósito de aire, una válvula estranguladora con retención y una válvula 3/2 con retorno por muelle. El tiempo se puede regular al ajustar la válvula estranguladora.

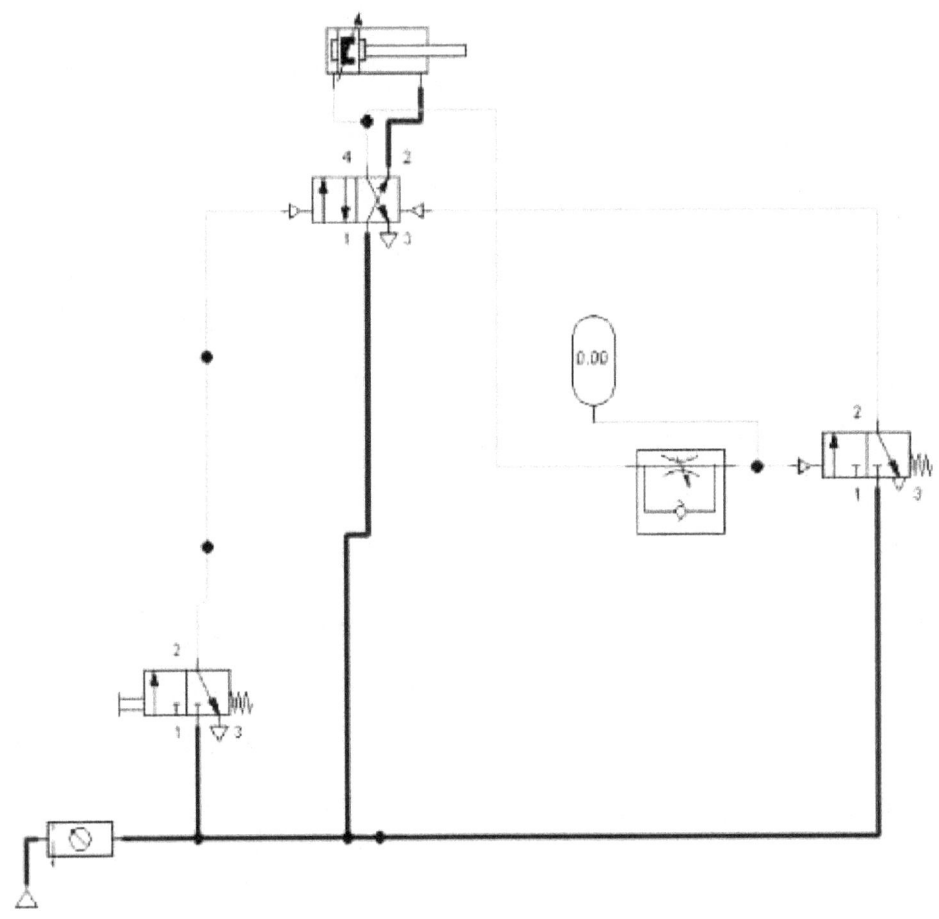

En este ejemplo se muestra un cilindro de doble efecto accionado manualmente y con retorno automático temporizado, es decir, al llegar al final de su recorrido tardará un determinado tiempo en regresar a su posición original.
El tiempo de retorno puede ajustarse desde la válvula de estrangulación del conjunto temporizador.

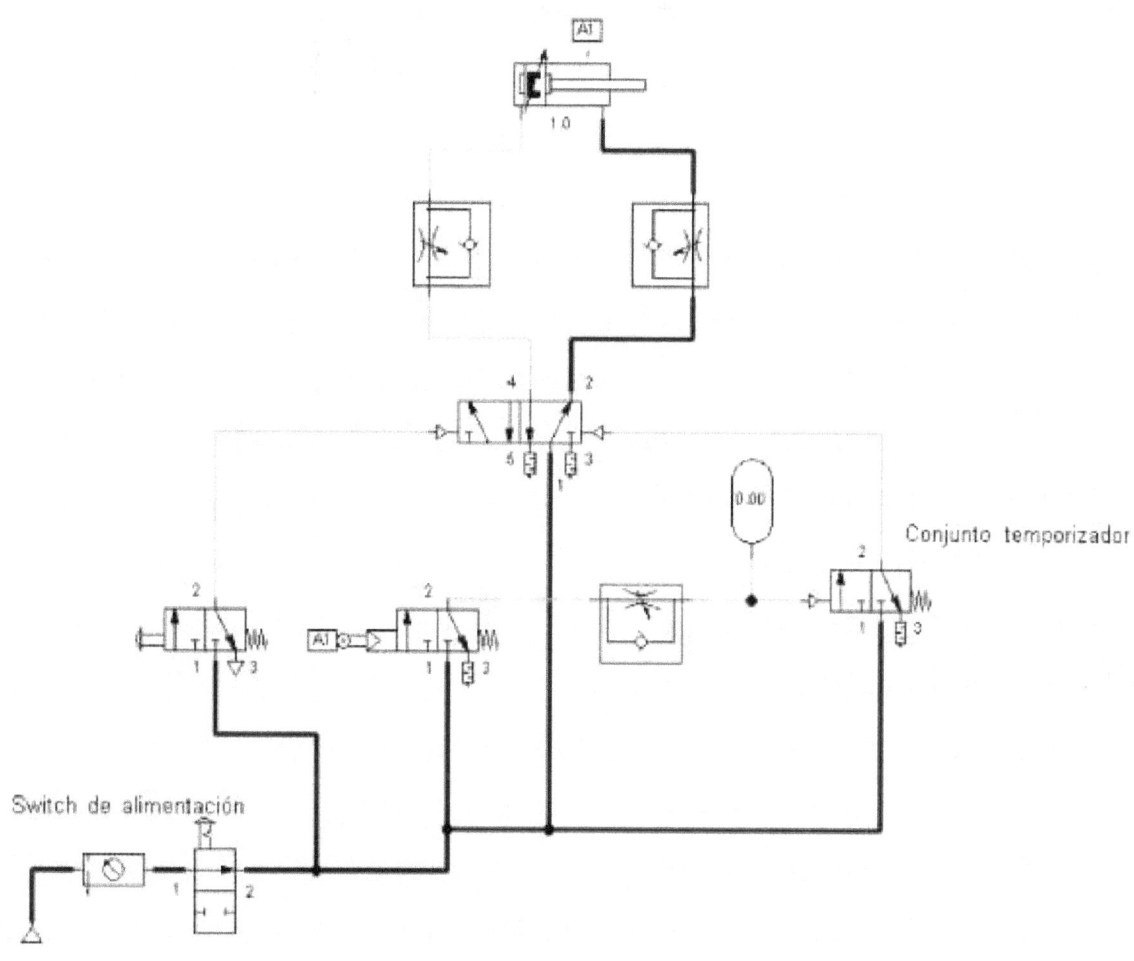

Para conectar una ventosa de succión será necesario agregar la tobera de succión que creará el vació necesario para que la ventosa funcione

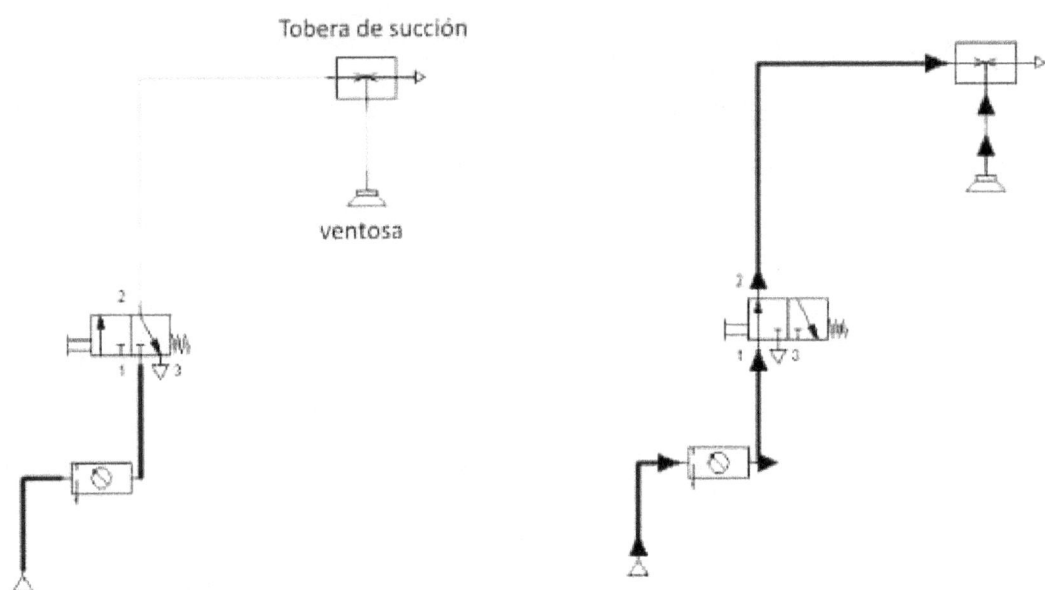

Tobera de succión

ventosa

SECUENCIAS NEUMÁTICAS

Cuando realizamos una secuencia neumática tendremos que identificar los pasos que ejecutan los cilindros, para eso utilizaremos las letras "A", "B" ó "C".. para identificar a los cilindros y un signo positivo + para la salida del vástago y un signo negativo – para el regreso

Para empezar identificaremos los cilindros asignando una letra diferente a cada uno.

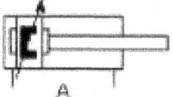
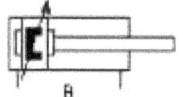
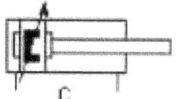

Cuando el cilindro "A" avanza entonces a la letra se le agregará el signo positivo + y cuando regrese se le agregará el signo negativo -

Entonces una simple secuencia de avance y regreso se identificará como A+ A-

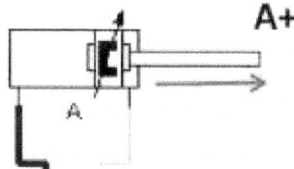
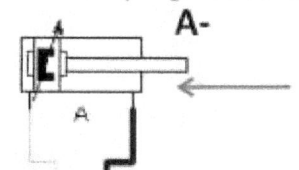

SECUENCIA

A+   A-

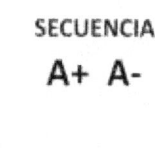

Ahora suponiendo que el cilindro "A" avanza (**A+**) y luego regresa (**A-**) y después el cilindro "B" avanza (**B+**) y luego regresa (**B-**) entonces la secuencia sería: A+ A- B+ B-

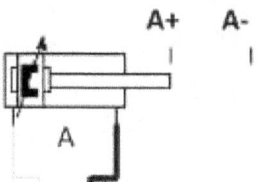
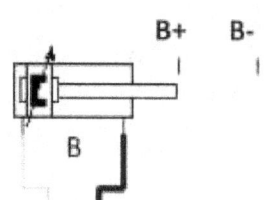

En otro ejemplo, tenemos dos cilindros; A y B, entonces el cilindro "B" avanza, y después avanza el cilindro "A" y en seguida regresa y cuando llega hasta el inicio entonces el cilindro "B" regresa a su posición original.

Veremos que la secuencia es: cilindro B avanza   B+
                              cilindro A avanza   A+
                              cilindro A regresa A-
                              cilindro B regresa B-

B+ A+ A- B-

A-   A+

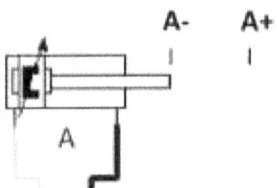

B-   B+

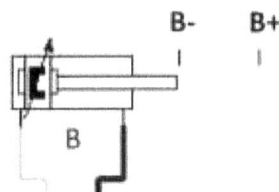

Ejemplo:

PASO 1

B+

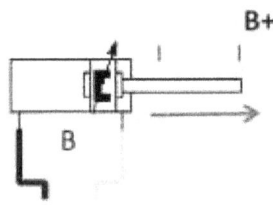

PASO 2

A+

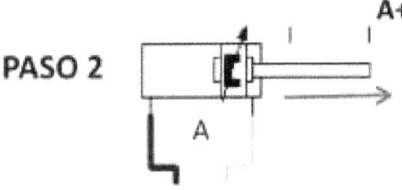

PASO 3

A-

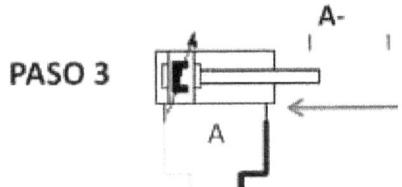

PASO 4

B-

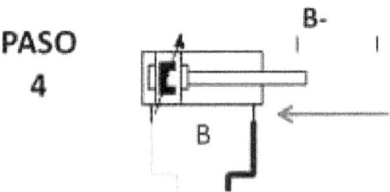

En este ejemplo se muestra una secuencia que funciona como una estampadora, se coloca la pieza y activamos la secuencia presionando una válvula 3/2, entonces el cilindro "A" avanzará e inmovilizará la pieza, y mientras la sostiene el cilindro "B" avanzará y estampará la pieza, luego ambos regresarán.

Notaremos que la secuencia es A+ B+ A- B-

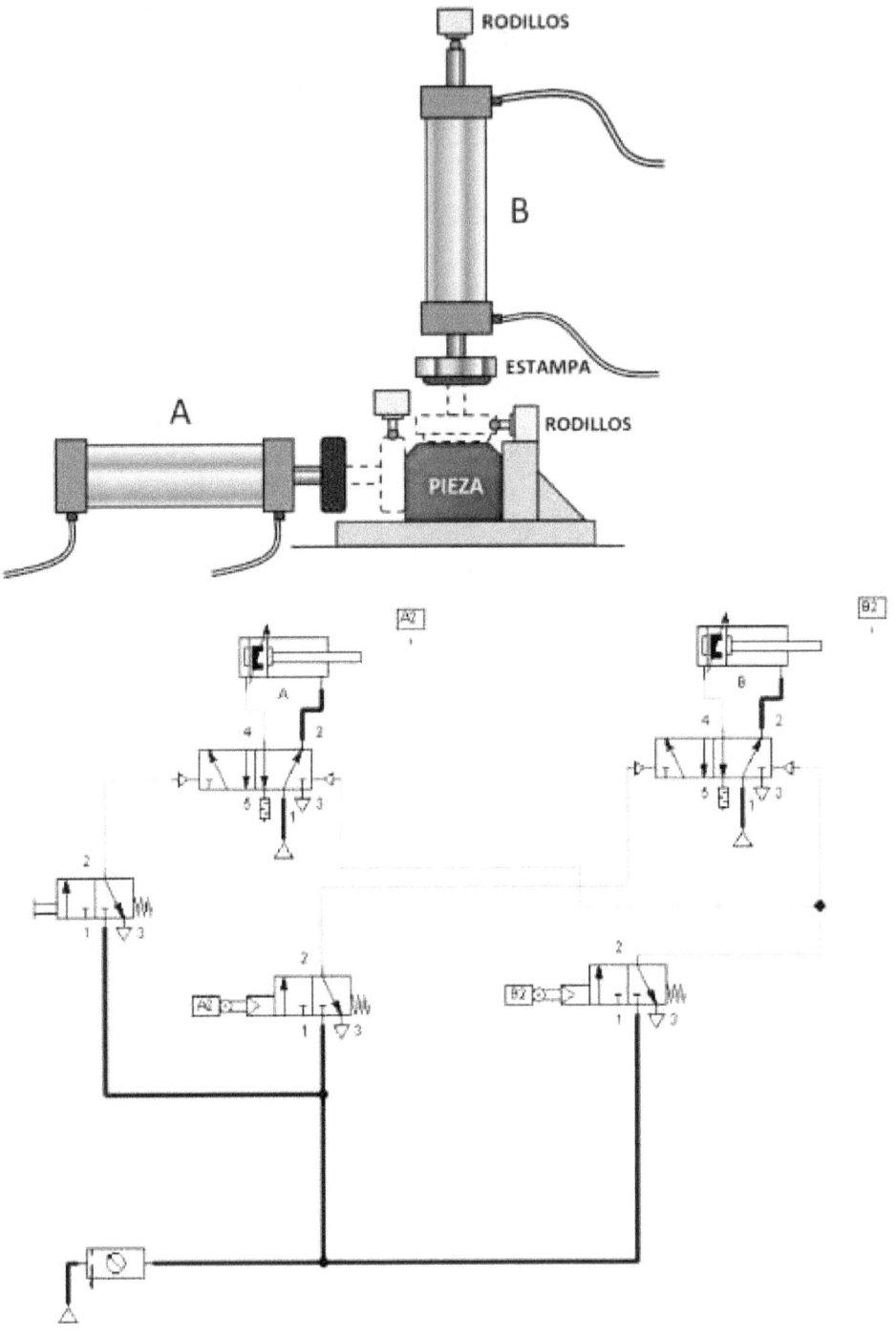

DIAGRAMA ESPACIO-FASE
GRAFCET

En el ejemplo anterior vimos como representar una secuencia con letras, sin embargo esa manera tiene el inconveniente de que no se puede saber cuales cilindros se activan al mismo tiempo, para eso utilizaremos el diagrama espacio-fase en el cual representaremos los movimientos de cada cilindro y cuando regresan.

Pondremos en el ejemplo un cilindro con la letra "A", los cuadros representan los tiempos o pasos que realiza el cilindro en cada movimiento y la línea roja representa cuando el cilindro avanza y cuando regresa.

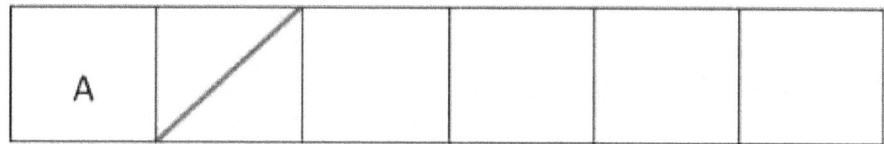

Cuando el cilindro avanza se representará con la línea diagonal ascendente de izquierda a derecha y cuando regresa se representará con la línea roja descendente.

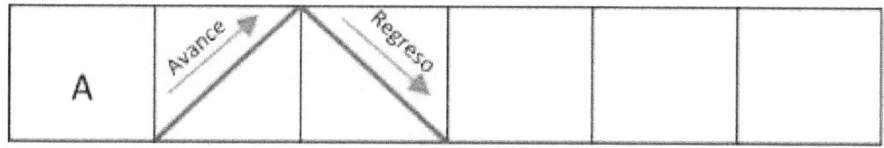

En este ejemplo el cilindro "A" solo avanza y se retrae inmediatamente sin espacios de tiempo.

Ahora, si tenemos dos cilindros, se colocará otra serie de recuadros por debajo del primero y su letra correspondiente al cilindro:

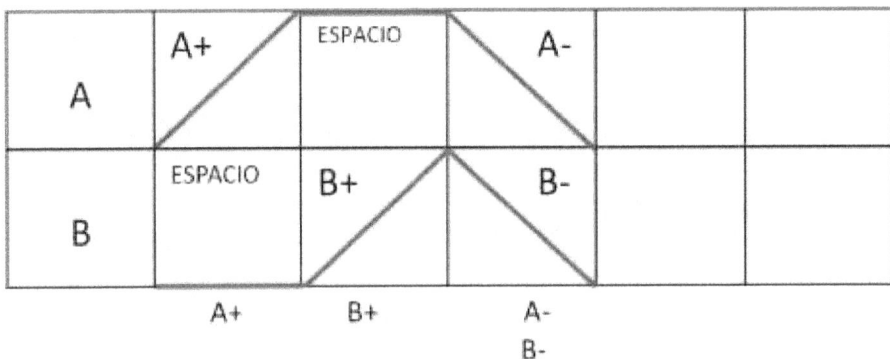

Suponiendo que primero avanza el cilindro "A" y después el cilindro "B", seguido de eso ambos regresan al mismo tiempo, haciendo una secuencia A+ B+ A- B- entonces se representará de la siguiente manera:

Los espacios de tiempo donde no hay movimiento del cilindro se representará como una línea horizontal siempre unido al movimiento anterior.

Ahora complicándonos la existencia pondremos el ejemplo de una secuencia un poco más larga utilizando tres cilindros A+ B+ C+ A- B- C-

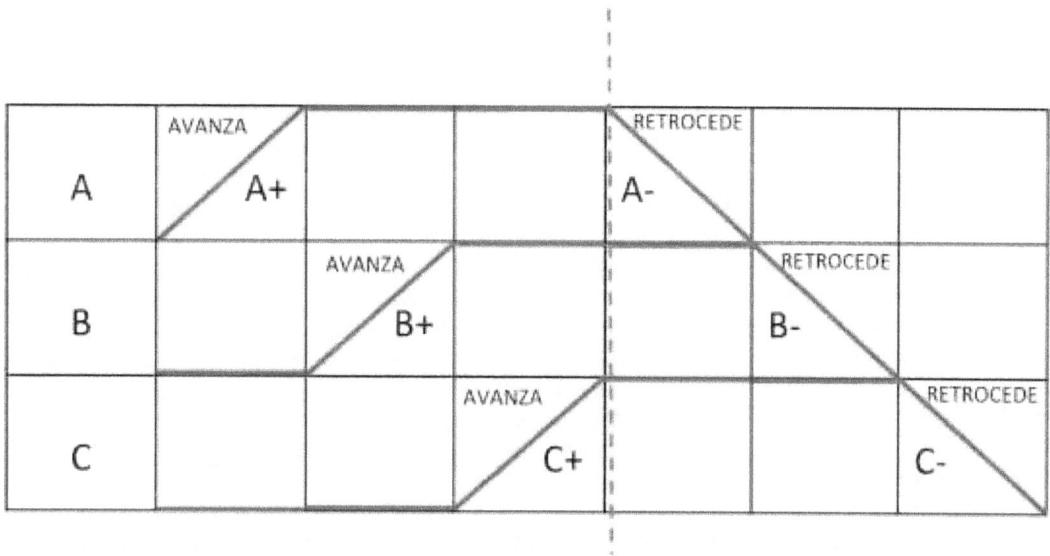

En el ejemplo vemos que cada cilindro avanza uno seguido del otro y de igual forma regresan uno seguido de otro, pero ¿como se representaría si los tres regresaran al mismo tiempo? Bien, veamos:

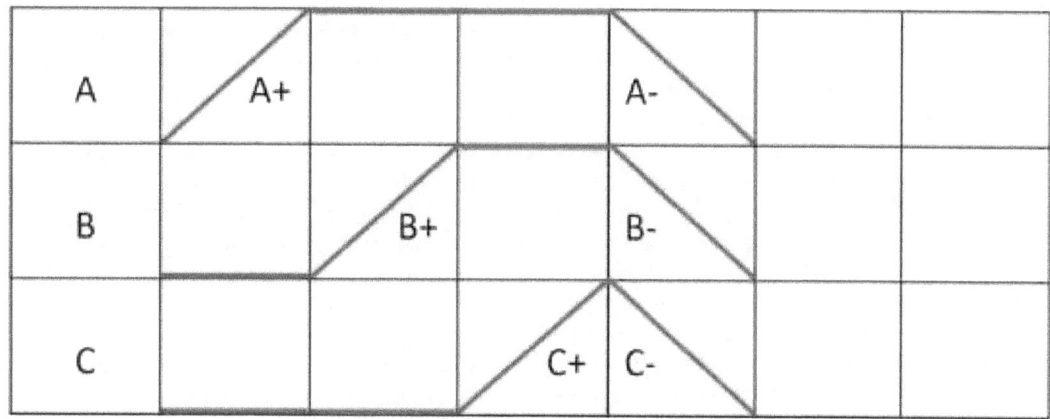

Aquí vemos que los cilindros avanzan uno seguido de otro pero los tres regresan al mismo tiempo.

En este ejemplo tenemos tres cilindros realizando una secuencia C+ A+ C- A- B+ B-

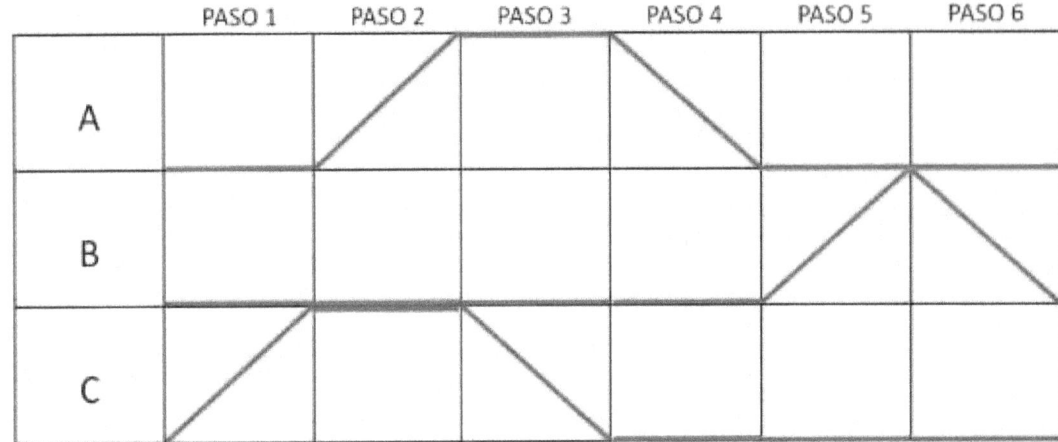

En este ejemplo primero avanza el cilindro "C" luego el "A" después regresa el cilindro
"C" y seguido regresa el "A", al final avanza el cilindro "B" e inmediatamente regresa.
¿complicado? Hagámoslo más gráfico:

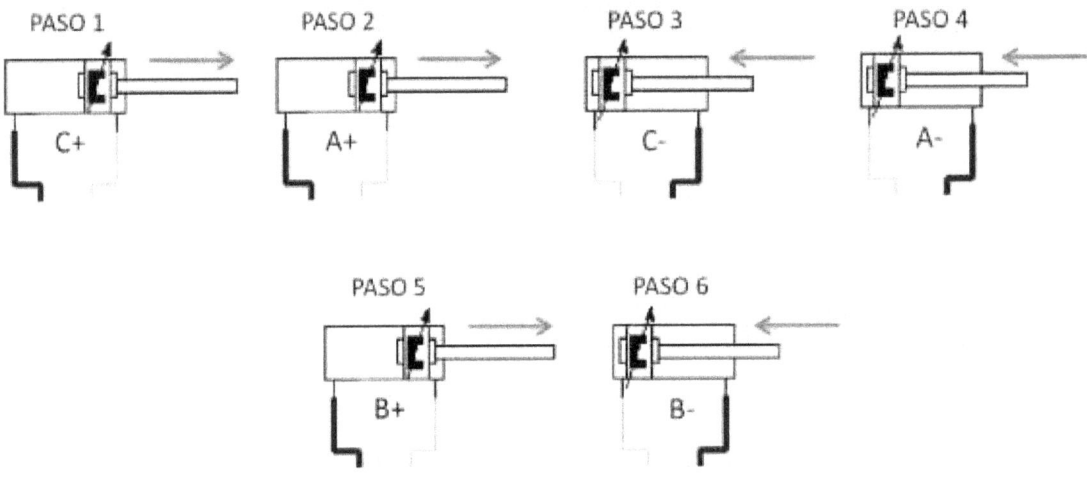

CICLO REPETITIVO

Este ejemplo es parecido al anterior, solo que aquí se utiliza una secuencia interminable, es decir, que no parará hasta que se interrumpa la alimentación de aire comprimido. Esta vez utilizaremos una cinta transportadora que irá trasladando las cajas hasta los cilindros en donde el cilindro "A" inmovilizará la caja y después el cilindro "B" bajará y pegará una etiqueta en la parte superior, luego ambos cilindros regresarán y comenzarán de nuevo.

Este sistema es más complicado pero hago este ejemplo sencillo para mostrar el funcionamiento de un ciclo repetitivo.

La secuencia sería:
A+ B+ A- B-

Y el diagrama y el GRAFCET estará en
La siguiente página.

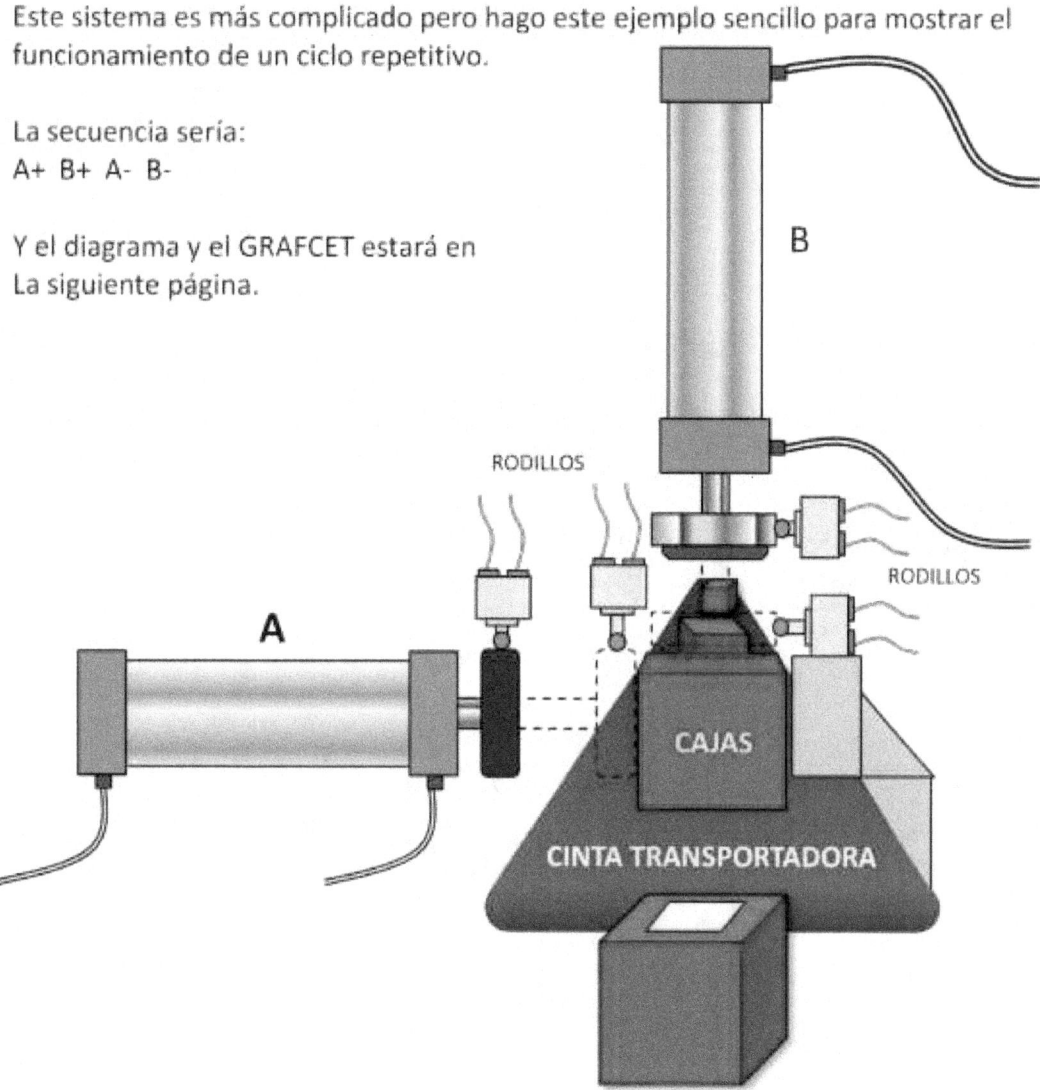

DIAGRAMA DE CICLO REPETITIVO CON DOS CILINDROS DE DOBLE EFECTO

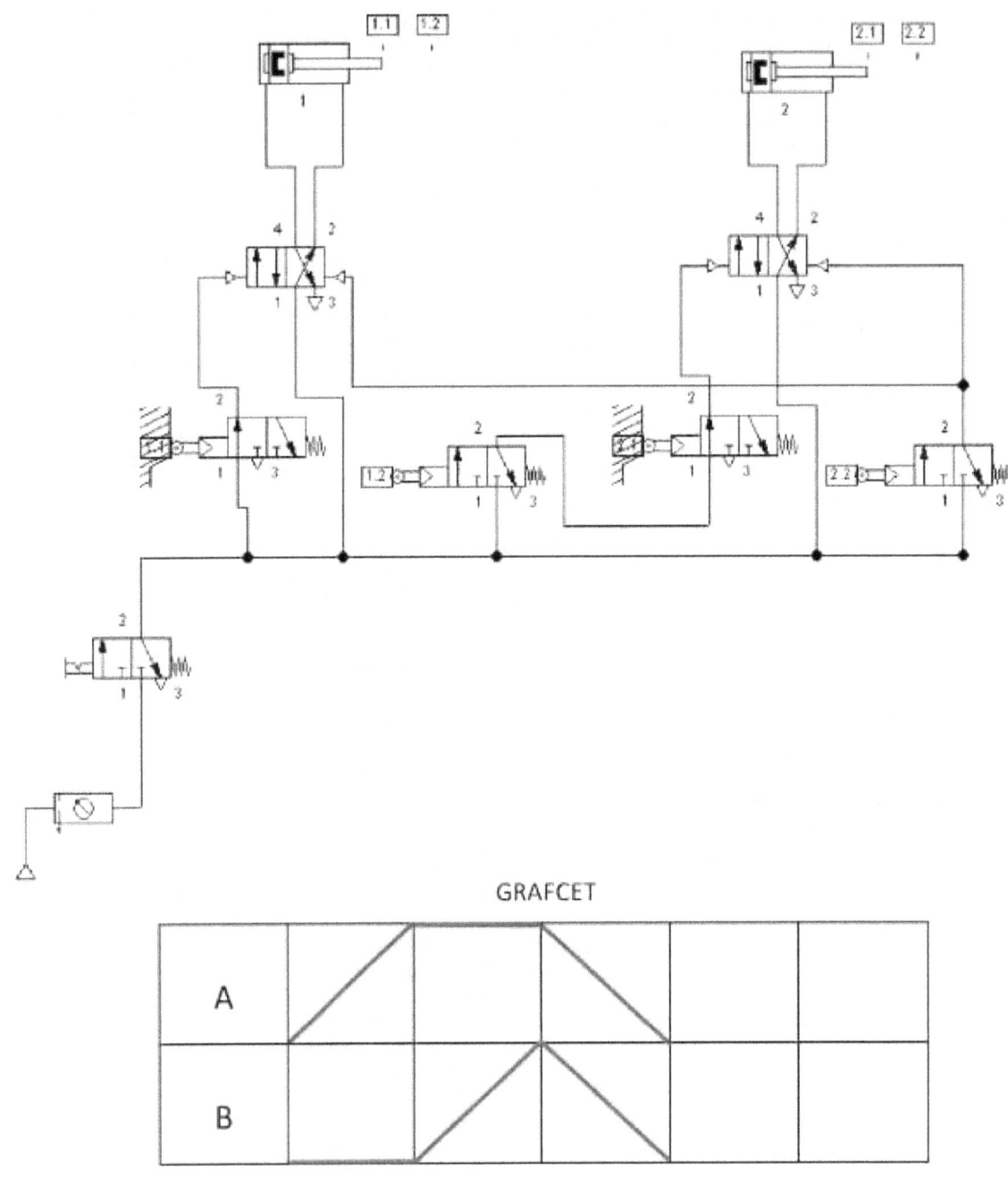

GRAFCET

A					
B					

GRAFCET

SECUENCIA

A+ B+ C+ D+ A- B- C- D-

DIAGRAMA DE CUATRO CILINDROS DE DOBLE EFECTO EN CASCADA

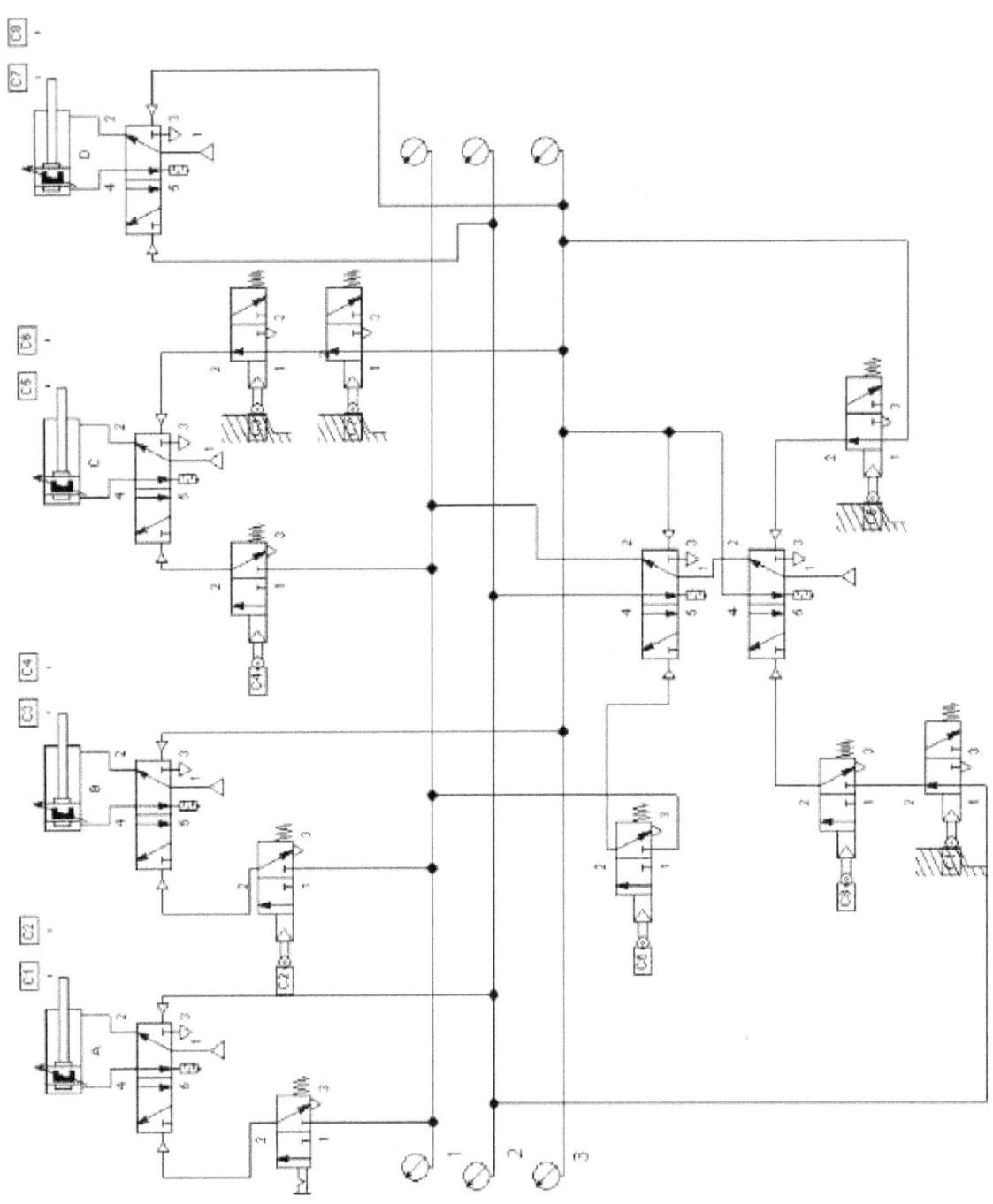

Nuevamente sugiero instalar el programa **Fluid SIM** para practicar los diagramas y poder crear infinidad de proyectos neumáticos, sin duda creo que les será de gran ayuda para familiarizarse con la neumática.

Aún falta por aprender más pero será en un nuevo curso de neumática avanzada donde se enseñará a crear sistemas electro-neumáticos, es decir, donde se controla a los cilindros por medio de controladores electrónicos.

Aquí les dejaré algunos links donde podrán recopilar más información y practicar con los diagramas:

http://e-ducativa.catedu.es/44700165/aula/archivos/repositorio/4750/4916/html/1_representacin_de_esquemas_identificacin_de_componentes.html

http://html.rincondelvago.com/automatismo-neumatico.html

http://manualdepracticas.blogspot.mx/

http://www.fluiddraw.de/fluidsim/download/v3/hb-spa-p.pdf

Espero que este pequeño curso les haya servido de ayuda y ojalá continúen investigando sobre esta clase de tecnología ya que este manual es solo un paso para ir al gran mundo de la industria y tengan por seguro que si lo combinan con la carrera de electricidad y electrónica obtendrán una gran herramienta que les ayudará en su trabajo o a obtener uno y mejorar sus ingresos.

Me despido deseándoles lo mejor y espero verlos en otro curso.

Fin del Manual.

www.ingramcontent.com/pod-product-compliance
Lightning Source LLC
Chambersburg PA
CBHW080811180526
45168CB00006B/2402